高等职业教育智能制造系列新形态教材

McgsPro 嵌入版
组态软件项目化教程

主　编　侯恩光　郑建萍　王晶晶
副主编　胡立华　林　峰
主　审　谢　楠

同济大学 出版社
TONGJI UNIVERSITY PRESS
·上海·

内 容 提 要

本书以北京昆仑通态自动化软件科技有限公司的 McgsPro 嵌入版组态软件为例，介绍了 McgsPro 嵌入版组态软件的理论知识及其在工业系统中的具体应用。本书贯穿成果导向的教学理念，采用项目教学整合开发，从 McgsPro 嵌入版组态软件的认知，到简单的操作应用案例再到复杂的工程应用案例，包括 McgsPro 嵌入版组态软件的认知、按钮指示灯的控制、电机正反转速度控制、旋转仪表的控制、交通灯的控制及排涝泵站水位的控制。每个项目均配备了项目教学 PPT、项目源程序和项目实施过程的教学视频等，方便教师教学和学生学习。

本书适用于高职院校机电一体化技术、电气自动化技术、机电设备技术、工业网络技术、智能控制技术、机械制造及自动化技术等专业的组态控制技术相关课程，也可作为从事自动化技术的工控人员的参考资料和实训用书。

图书在版编目（CIP）数据

McgsPro 嵌入版组态软件项目化教程 / 侯恩光，郑建萍，王晶晶主编. —上海：同济大学出版社，2024.6
ISBN 978-7-5765-1172-7

Ⅰ. ①M… Ⅱ. ①侯…②郑…③王… Ⅲ. ①工业控制系统-应用软件-教材 Ⅳ. ①TP273

中国国家版本馆 CIP 数据核字（2024）第 103730 号

高等职业教育智能制造系列新形态教材

McgsPro 嵌入版组态软件项目化教程

主　编　侯恩光　郑建萍　王晶晶　　**副主编**　胡立华　林　峰　　**主　审**　谢　楠
责任编辑　任学敏　　**助理编辑**　朱华茗　　**责任校对**　徐逢乔　　**封面设计**　陈益平

出版发行	同济大学出版社　www.tongjipress.com.cn	
	（地址：上海市四平路 1239 号　邮编：200092　电话：021-65985622）	
经　销	全国各地新华书店	
排　版	南京文脉图文设计制作有限公司	
印　刷	常熟市大宏印刷有限公司	
开　本	787mm×1092mm　1/16	
印　张	10.25	
字　数	237 000	
版　次	2024 年 6 月第 1 版	
印　次	2024 年 6 月第 1 次印刷	
书　号	ISBN 978-7-5765-1172-7	
定　价	42.00 元	

本书若有印装质量问题，请向本社发行部调换　　版权所有　侵权必究

前　言

党的二十大报告提出，坚持把发展经济的着力点放在实体经济上，推进新型工业化，加快建设制造强国、质量强国、航天强国、交通强国、网络强国、数字中国。因此，随着我国新型工业化的迅猛发展，特别是在工业控制领域，人机界面（HMI）的应用越来越广泛。

本书以北京昆仑通态自动化软件科技有限公司的人机界面为例，该人机界面是一套以先进的 CPU 为核心的高性能嵌入式一体化触摸屏，同时还预装了嵌入式组态软件（运行版），具备强大的图像显示和数据处理功能，以人机界面配套的 McgsPro 嵌入版软件的应用技术为主线，详细介绍了 McgsPro 嵌入版组态控制软件的理论知识及其在工业系统中的具体应用。

本书采用成果导向的教学理念，以实训项目为核心，将 McgsPro 嵌入版组态软件应用的知识点融入教学项目之中，使学生通过项目训练即可轻松掌握 McgsPro 嵌入版组态软件应用技术的相关知识点。全书共 6 个项目：McgsPro 嵌入版组态软件的认知、按钮指示灯的控制、电机正反转速度控制、旋转仪表的控制、交通灯的控制及排涝泵站水位的控制。合理的项目内容编排，能有效提高读者的组态软件应用能力和独立解决实际问题的能力。另外，本书还配有项目教学 PPT，微课视频等学习资料。

本书由福州职业技术学院侯恩光、王晶晶和同济大学的郑建萍任主编，具体分工如下：项目 1、项目 4、项目 6 由福州职业技术学院侯恩光编写，项目 2 由福州职业技术学院胡立华编写，项目 3 和项目 5 由福州职业技术学院王晶晶编写。福州职业技术学院林峰参与了本书的课件制作，同济大学谢楠对全书进行主审。感谢福州京东方光电科技有限公司华荣的技术支持。感谢同济大学郑建萍等在编写体例等方面给予的指导。

由于编者水平有限，书中难免有疏漏和不妥之处，敬请广大读者批评指正。

编　者
2024 年 2 月

目 录

前言

项目 1　McgsPro 嵌入版组态软件的认知 ································· 001
　任务 1.1　McgsPro 嵌入版组态软件的安装 ···························· 002
　任务 1.2　数字时钟的画面组态 ··· 007

项目 2　按钮指示灯的控制 ··· 021
　任务 2.1　McgsPro 嵌入版组态软件工作台的认知 ··················· 022
　任务 2.2　按钮指示灯控制系统设计 ····································· 030

项目 3　电机正反转速度控制 ·· 043
　任务 3.1　简单动画组态设计 ··· 044
　任务 3.2　电机正反转速度控制系统设计 ······························ 057

项目 4　旋转仪表的控制 ··· 071
　任务 4.1　简单脚本程序编写 ··· 072
　任务 4.2　旋转仪表的控制设计 ·· 080

项目 5　交通灯的控制 ·· 093
　任务 5.1　窗口跳转与用户权限组态设计 ······························ 094
　任务 5.2　交通灯监控系统设计 ·· 103

项目 6　排涝泵站水位的控制 ·· 126
　任务 6.1　排涝泵站水位监控系统设计 ································· 127
　任务 6.2　水位曲线显示设计 ··· 141

参考文献 ·· 158

项目 1

McgsPro 嵌入版组态软件的认知

学习目标

1. 知识目标

（1）理解 McgsPro 嵌入版组态软件的概念；
（2）掌握 McgsPro 嵌入版组态软件的构成、功能和特点；
（3）掌握 McgsPro 嵌入版组态软件安装；
（4）掌握组态工程的创建及保存方法。

2. 能力目标

（1）理解组态软件的工作原理；
（2）掌握 McgsPro 嵌入版组态软件的安装方法；
（3）会使用 McgsPro 嵌入版组态软件的工具箱，制作简单的 MCGS 程序；
（4）能独立完成数字时钟组态工程的创建和调试。

3. 素质目标

（1）培养学生的信息收集能力和动手实践能力；
（2）激发浓厚的学习兴趣，培养严谨的学习态度；
（3）培养良好的职业道德；
（4）提高团队合作能力与沟通能力。

项目描述

建立一个如图 1-1 所示的组态画面，并完成以下控制要求：屏幕上实时显示当前日期、时间和星期。

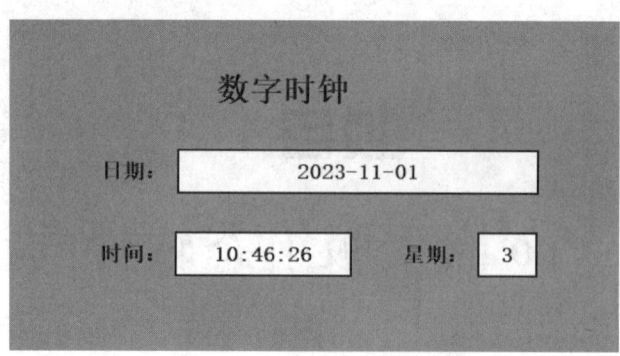

图1-1　数字时钟的组态画面

任务1.1　McgsPro嵌入版组态软件的安装

一、任务要求

本任务要求学生了解企业生产中常见McgsPro软件的组态软件。学生通过网络、图书查询等形式,了解McgsPro嵌入版组态软件的组成,掌握其软件的下载、安装环境的要求及安装方法。

二、任务实施

1. McgsPro嵌入版组态软件的下载

McgsPro嵌入版组态软件(版本号:3.3.6.6354 SP1.3)为昆仑通态科技有限责任公司最新研发的成套软件产品。本产品由McgsPro嵌入版组态软件与运行环境、TPC系统和NK软件三大块组成,作为高端G系列TPC产品的配套软件使用。

Mcgs-G系列高端TPC以A53的四核CPU为核心,重新定义人机界面(HMI)行业标准,结合全新的MCGS成套软件,可为客户提供更广阔的应用平台。该软件可直接在该公司网站首页免费下载。

2. McgsPro嵌入版组态软件的安装

(1) 解压McgsPro嵌入版组态软件压缩包;双击"Setup.exe"文件,运行安装程序。

(2) 进入欢迎界面,如图1-2所示,点击"下一步"。

(3) 进入自述文件界面,点击"下一步";McgsPro嵌入版组态软件默认安装到"D:\McgsPro"。如需指定安装路径,则单击"浏览"更改。设置完成后,点击"下一步"。

(4) 再次点击"下一步",McgsPro嵌入版组态软件启动安装。安装完成后,Windows操作系统的桌面上添加了两个快捷方式图标,分别用于启动McgsPro嵌入版组态软件的组态环境和模拟运行环境,如图1-3所示。在上述安装过程中,用户单击"取消",即可退出安装。

McgsPro嵌入版组态软件的安装

项目1　McgsPro嵌入版组态软件的认知

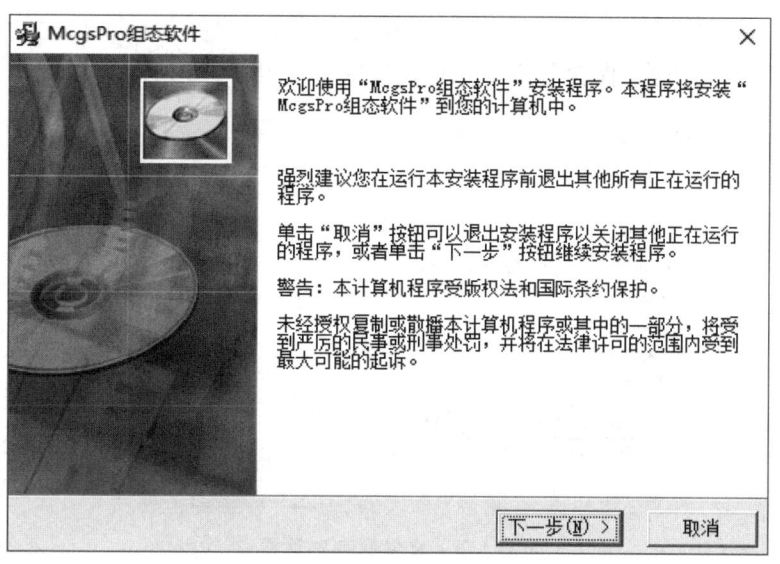

图 1-2　欢迎界面

图 1-3　McgsPro 嵌入版组态软件启动的快捷方式

新建组态工程

3. 新建一个组态工程

McgsPro 嵌入版组态软件安装完成后，在用户指定的安装目录（如：D:\McgsPro）下有三个文件夹：Program、Samples 和 Work。Program 文件夹里存放的是 McgsPro 嵌入版组态软件的组态环境、运行环境、设备驱动程序、动画构件和策略构件等可执行文件。Samples 文件夹里存放的是用于演示系统功能的样例工程和 Work 文件夹缺省的工作目录，用于存放用户新建的组态工程文件。以下为新工程创建的步骤。

（1）双击 McgsPro 嵌入版组态软件组态环境的桌面快捷图标，进入 McgsPro 嵌入版组态软件的组态环境。单击工具栏上的"新建"按钮，弹出工程设置对话框，在"HMI 配置"栏内选择"TPC1021Nt(1024×600)"，其他组态配置为默认，点击"确定"按钮，系统自动创建一个名为"新建工程0.MCP"的新工程并将该工程存储在安装目录的 Work 文件夹中，如图 1-4 所示。

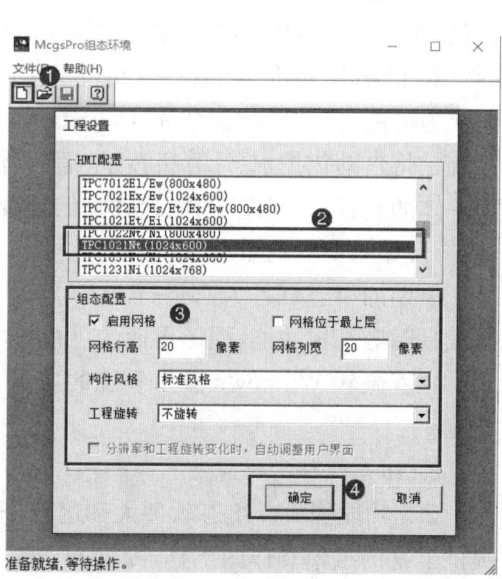

图 1-4　McgsPro 新建工程设置界面

（2）选择"文件"菜单中的"工程另存为"命令，弹出文件保存对话框，在"文件名"一栏内输入"数字时钟"，点击"保存"按钮，工程创建完毕，如图1-5所示。

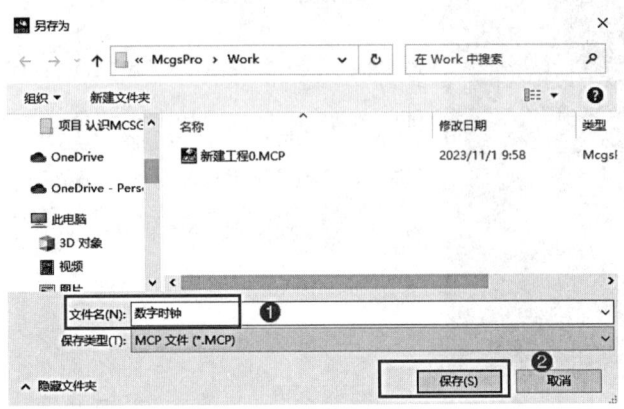

图1-5　文件保存对话框

三、相关知识学习

1. 组态软件的发展历史

20世纪40年代，大多数工业生产过程还处于手工操作状态，人们主要凭经验、用手工方式去控制生产过程，生产过程中的关键参数靠人工观察，生产过程中的操作也靠人工执行，生产效率很低。

20世纪50年代前后，一些工厂、企业的生产过程实现了仪表化和局部自动化。那时，生产过程中的关键参数普遍采用基地式仪表和部分单元组合仪表（多数为气动仪表）等进行显示。

20世纪60年代，随着工业生产和电子技术的不断发展，人们开始大量采用气动、电动单元组合仪表甚至组装仪表，对关键参数进行指示。计算机控制系统开始应用于过程控制，实现了直接数字控制和设定值控制等。

20世纪70年代，随着计算机的开发、应用和普及，对全厂或整个工艺流程的集中控制成为可能，集散型控制系统（Distributed Control System，DCS）随即问世。集散型控制系统是将自动化技术、计算机技术、通信技术、故障诊断技术、冗余技术和图形显示技术融为一体的装置。"组态"的概念就是伴随着集散型控制系统的出现走进工业自动化应用领域，并开始被广大的生产过程自动化技术人员所熟知的。

早期的组态软件大都运行在DOS环境下，其特点是具有简单的人机界面、图库和绘图工具箱等基本功能，图形界面的可视化功能较弱。

随着微软Windows操作系统的发展和普及，Windows运行环境下的组态软件成为主流。

2. 组态软件的特点

（1）功能强大。组态软件大都运行于Windows环境下，借助Windows的图形功能，提供丰富的编辑和作图工具，提供大量的工业设备图符、仪表图符以及趋势图、历史曲线、数据分析图等；提供十分友好的图形化用户界面（Graphics User Interface，GUI），包括一整套Windows风格的窗口、菜单、按钮、信息区、工具栏、滚动条等；画面丰富多彩，为设备的正常运行、操作人员的集中监控提供了极大的方便，节省了学习时间；具有强大的通信功能和良好的开放性，组态软件向下可与数据采集硬件通信，向上可与管理网络互联。

（2）简单易学。使用组态软件不需要掌握太多的编程语言技术，甚至不需要编程技术，根据工程实际情况，利用其提供的底层设备（PLC、智能仪表、智能模块、板卡、变频器等）的I/O驱动、开放式的数据库和界面制作工具，就能完成一个具有动画效果、实时数据处理、历史数据和曲线并存且具有多媒体功能和网络功能的复杂工程。

（3）扩展性好。当现场条件（包括硬件设备、系统结构等）或用户需求发生改变时，组态软件开发的应用程序不需要太多的修改就可以方便地完成软件的更新和升级。

（4）实时多任务。在组态软件开发的项目中，数据采集与输出、数据处理与算法实现、图形显示及人机对话、实时数据的存储、检索管理、实时通信等多个任务可以在同一台计算机上同时运行。组态控制技术是计算机控制技术发展的结果，采用组态控制技术的计算机控制系统最大的特点是从硬件到软件开发都具有组态性，因此极大地提高了系统的可靠性和开发速率，降低了开发难度，而且其可视化、图形化的管理功能方便生产管理与维护。

3．组态软件的结构

从软件的工作阶段来看，组态软件是由系统开发环境和系统运行环境两大部分构成的。

（1）系统开发环境是自动化工程设计工程师为实施其控制方案，在组态软件的支持下进行应用程序的系统生成工作所必须依赖的工作环境。系统开发环境由若干个组态程序组成，如图形界面组态程序、实时数据库组态程序等。

（2）系统运行环境。在系统运行环境下，目标应用程序被装入计算机内存并实时运行。系统运行环境由若干个程序组成，如图形界面运行程序、实时数据库运行程序等。在跨平台应用中，运行环境可以是Windows操作系统，也可以是Linux等操作系统，还可以是嵌入式系统（如嵌入式Linux系统、安卓系统等）。

自动化工程设计工程师最先接触的一定是系统开发环境，其通过反复进行系统组态和调试，最终使目标应用程序在系统运行环境中实时运行，完成一个工程项目。

4．组态软件的基本组件

组态软件必备的典型组件包括工程管理器、图形界面开发程序、图形界面运行程序、实时数据库组态、实时数据库运行程序和I/O驱动程序。

（1）工程管理器。工程管理器是提供工程项目的设计组态集成环境，具有工程项目新建、工程项目管理、I/O设备驱动设置、变量表生成、调试与集成管理等功能。

（2）图形界面开发程序。图形界面开发程序是自动化工程设计工程师为实施其控制方案，在图形编辑工具的支持下进行图形系统生成工作所依赖的开发环境。建立一系列用户数据文件，生成最终的图形目标应用系统，供图形界面运行程序运行。

（3）图形界面运行程序。在系统运行环境下，图形目标应用系统被图形界面运行程序装入计算机内存并实时运行。

（4）实时数据库组态。组态软件具有独立的实时数据库系统，用于提高系统的实时性，增强系统的处理能力。实时数据库组态是建立实时数据库的组态工具，可以定义实时数据库的结构、数据来源、数据链接、数据类型及相关的各种参数。

(5)实时数据库运行程序。在系统运行环境下,目标实时数据库及其应用系统被实时数据库系统运行程序装入计算机内存,并执行预定的各种数据计算、数据处理任务。历史数据的查询、检索、报警的管理都是在实时数据库系统运行程序中完成的。

(6)I/O 驱动程序。I/O 驱动程序是组态软件中必不可少的组成部分,用于和 I/O 设备通信,互相交换数据。DDE 和 OPC Client 是两个通用的标准 I/O 驱动程序,分别用来与支持 DDE 标准和 OPC 标准的 I/O 设备通信。多数组态软件的 DDE 驱动程序被整合在实时数据库系统或图形系统中,而 OPC Client 大都单独存在。

5. 组态软件的发展趋势

随着信息技术的不断发展和控制系统要求的不断提高,组态软件也向着更高层次和更广范围发展,其发展趋势表现在以下三个方面。

(1)集成化、定制化。从软件规模上看,现有的大多数监控组态软件的代码规模超过 100 万行,已经不属于小型软件的范畴。从其功能来看,数据的加工与处理、数据管理、统计分析等功能越来越强。监控组态软件作为通用软件平台,具有很大的使用灵活性,但实际上很多用户需要"傻瓜"式的应用软件,即只需要很少的定制工作量即可完成工程应用。为了既照顾"通用"又兼顾"专用",完成特定的功能,监控组态软件拓展了大量的组件,如批次管理、事故追忆、温控曲线、协议转发、ODBCRouter、ADO 曲线、专家报表、万能报表、事件管理、GPRS 透明传输组件等。

(2)功能向上、向下延伸。组态软件处于监控系统的中间位置,向上、向下均具有比较完整的接口,因此对上、下应用系统的渗透也是组态软件的一种发展趋势。向上具体表现为其管理功能日渐强大,在实时数据库及其管理系统的配合下,具有部分 MIS、MES 或调度功能,尤以报警管理与检索、历史数据检索、操作日志管理、复杂报表等功能较为常见。向下具体表现为日益具备网络管理(或节点管理)功能、软 PLC 与嵌入式控制功能,以及同时具备 OPC Server 和 OPC Client 等功能。

(3)监控、管理范围及应用领域扩大。只要监控系统同时涉及实时数据通信(无论是双向还是单向)、实时动态图形界面显示、必要的数据处理、历史数据存储及显示,就对组态软件具有潜在需求。

6. McgsPro 嵌入版组态软件简介

McgsPro 嵌入版组态软件是人机界面(HMI)产品的一部分。人机界面产品由 McgsPro 嵌入版组态软件、McgsPro 嵌入版组态软件的运行环境、TPC 系统 NK 及 TPC 4 个部分组成。

(1)McgsPro 嵌入版组态软件:安装、运行于计算机终端,技术人员在此完成人机界面(HMI)的工程开发和调试工作。

(2)McgsPro 嵌入版组态软件的运行环境:用于运行用户开发的人机界面(HMI)的工程。标准 TPC 产品自带人机界面运行环境。

(3)TPC 系统 NK:系统 NK 可以简单地看作 TPC 的操作系统,人机界面(HMI)的运行环境就运行在 TPC 系统 NK 中。标准 TPC 产品自带系统 NK。

(4)TPC:昆仑通态生产的人机界面,提供工程运行的硬件平台。TPC1021Nt 的人机界面外观,如图 1-6 所示。

项目 1　McgsPro 嵌入版组态软件的认知

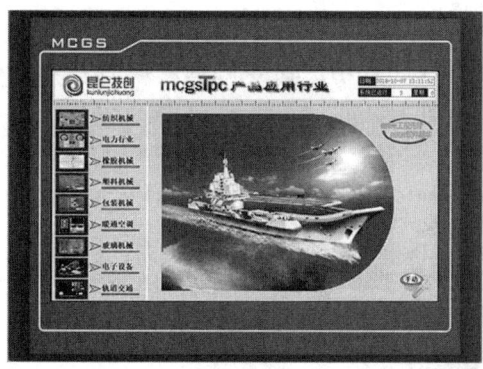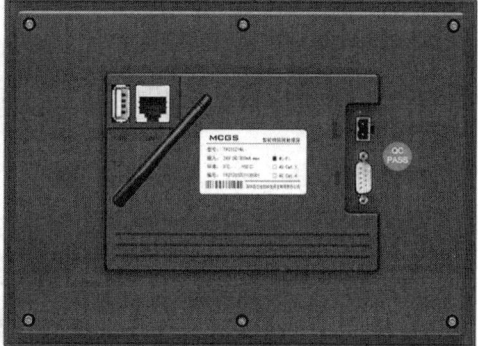

图 1-6　TPC1021Nt 人机界面外观

任务 1.2　数字时钟的画面组态

数字时钟的创建

一、任务要求

本任务将介绍如何在 McgsPro 嵌入版组态软件上显示系统的当前日期和时间。这一简单工程的组态过程是利用 McgsPro 嵌入版组态软件创建更复杂工程的基础。

二、任务实施

1. 新建窗口

(1) 打开任务创建的"数字时钟"工程项目,在工作台上,单击"用户窗口"选项卡,单击"新建窗口"按钮,建立"窗口 0"。

(2) 选中"窗口 0",单击"窗口属性"按钮,弹出"用户窗口属性设置"对话框。将窗口名称改为"数字时钟",将窗口标题改为"数字时钟",将窗口背景改为"青色",其他设置不变,单击"确认"按钮,如图 1-7 所示。

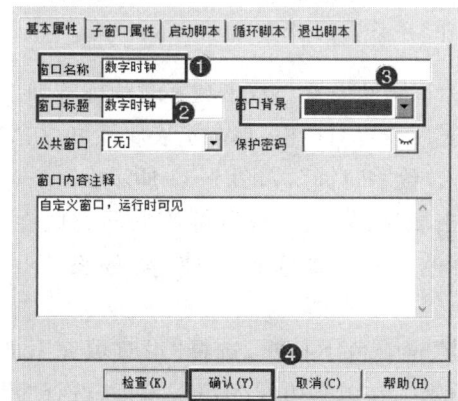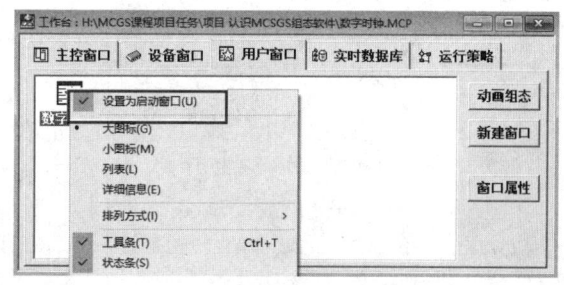

图 1-7　用户窗口属性设置　　　　　图 1-8　设置启动窗口

(3) 在"用户窗口"选项卡中,选中"数字时钟"窗口,单击右键,在弹出的快捷菜单中选择"设置为启动窗口(U)"选项,如图 1-8 所示。

007

2. 创建画面

(1) 加载工具箱。双击"数字时钟"用户窗口，进入用户窗口画面。此时若未加载工具箱，则单击"工具箱"按钮，打开绘图工具箱，如图 1-9 所示。

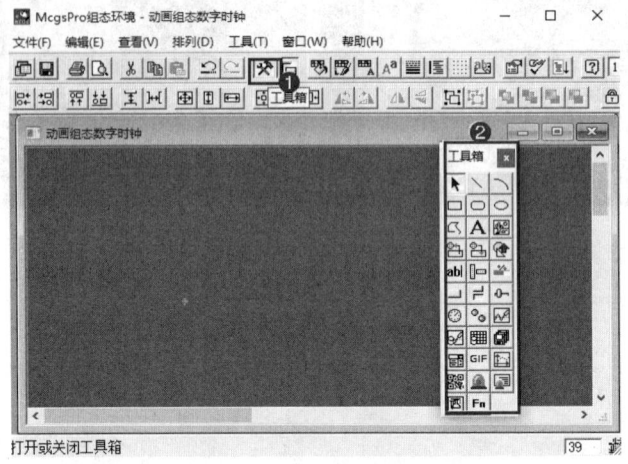

图 1-9 加载工具箱

(2) 标签制作。在工具箱中选择标签"A"按钮，在画面上放置 6 个标签，如图 1-10 所示。

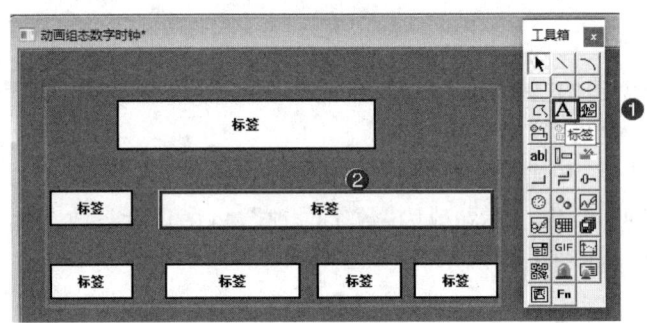

图 1-10 标签制作

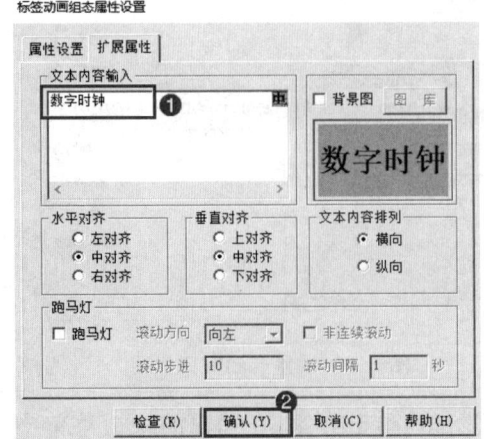

图 1-11 标签文本内容修改

(3) 标签属性设置。双击数字时钟标签弹出标签动画属性设置对话框，单击扩展属性页，在文本内容输入"数字时钟"，如图 1-11 所示。

再单击属性设置页，设置标签的静态属性，如填充颜色、边线颜色和字体等，如图 1-12 所示。

单击填充颜色下拉框，选择"没有填充"，如图 1-13 所示。在单击边线颜色下拉框，选择"没有边线"。再单击字体，弹出"字体"对话框，将字体设置为"宋体、粗体、二号"，单击"确定"按钮，如图 1-14 所示。

项目1 McgsPro嵌入版组态软件的认知

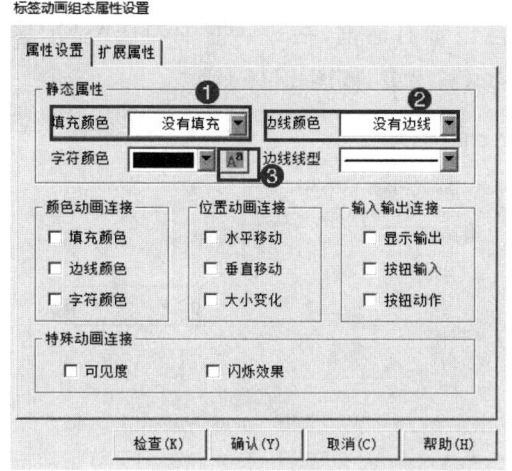

图1-12 标签静态属性设置

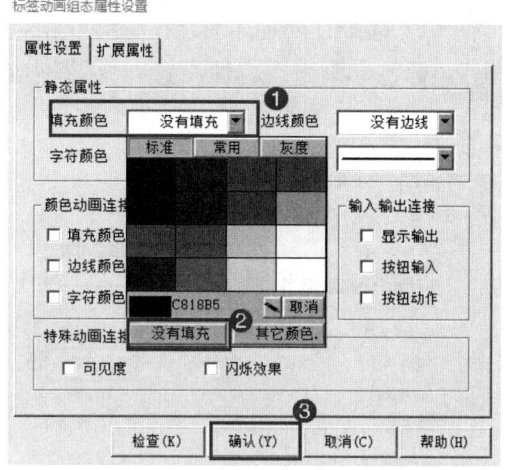

图1-13 标签填充颜色设置

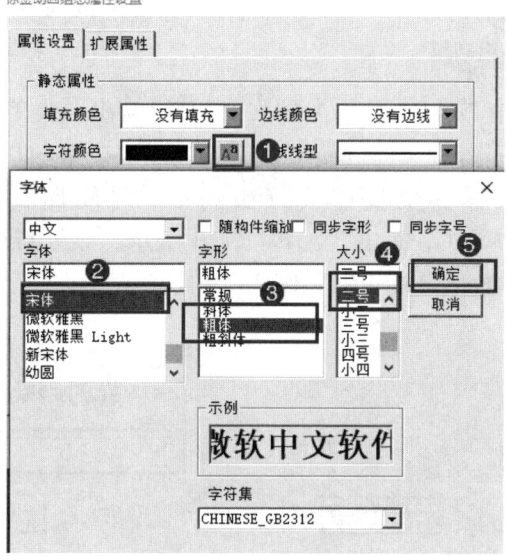

图1-14 标签字体设置

（4）其他6个标签的外观设置方法同上。需字体设置为"宋体、粗体、四号"。设置结果如图1-15所示。

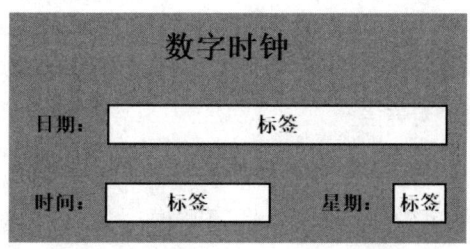

图1-15 数字时钟标签外观设置

3. 变量连接

（1）选中日期显示标签，左键双击，弹出属性设置对话框，在对话框中勾选"显示输出"，"标签动画组态属性设置"对话框中就多了显示输出页，如图1-16所示。

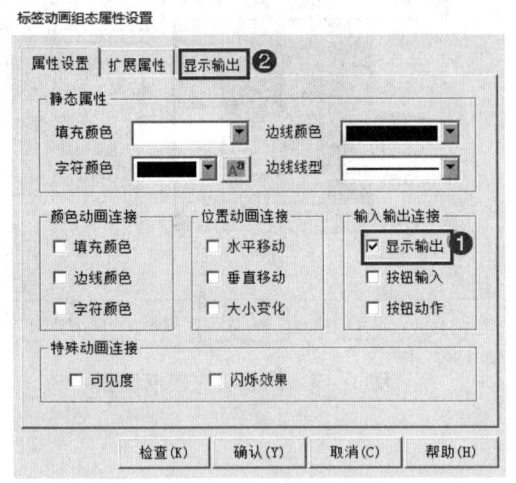 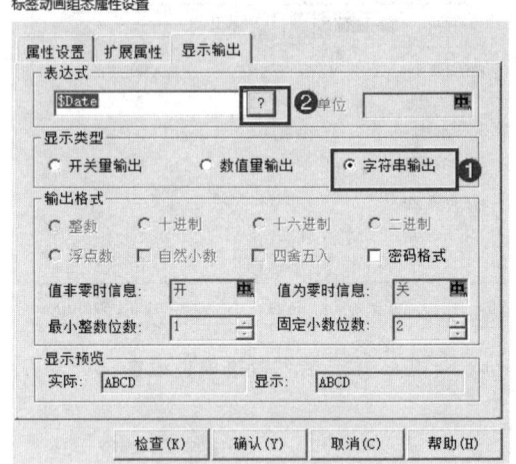

图1-16　标签动画组态属性设置　　　　　图1-17　标签表达式的变量连接

（2）在显示输出页中，先修改显示类型为"字符串输出"，再单击表达式中的"?"按钮，在弹出的对话框中选择系统变量"＄Date"后单击"确认"按钮，如图1-17所示。

（3）时间和星期的标签变量连接方法同上。时间标签的表达式变量选择为"＄Time"，显示类型为"字符串输出"，如图1-18所示。星期标签的表达式变量选择为"＄Week"，显示类型为"数值量输出"，如图1-19所示。

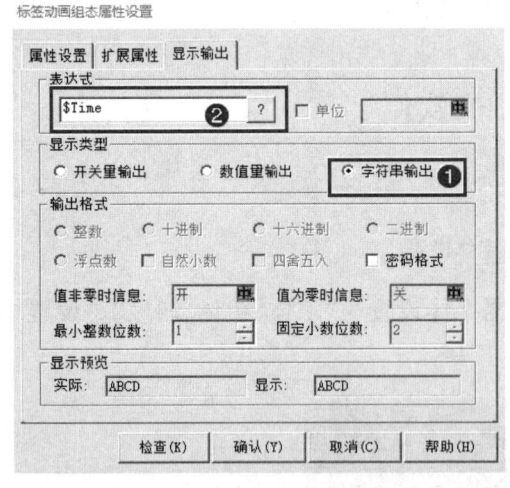 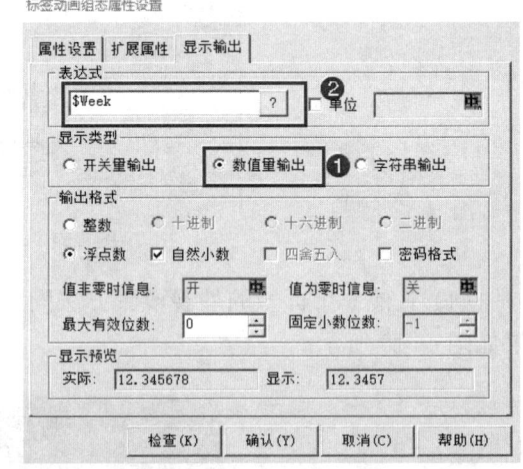

图1-18　时间标签变量连接　　　　　　　图1-19　星期标签变量连接

4. 模拟运行

先保存组态文件，在菜单栏中选择"工具"和"模拟运行"，弹出"下载配置"对话框，在对话框中，运行方式选择为"模拟"，点击"工程下载"按钮，等工程下载完成后，再点击"启动运行",如图 1-20 所示。数字时钟的运行结果如图 1-21 所示。

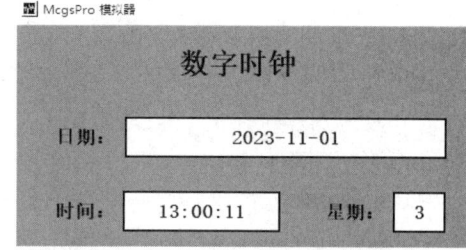

图 1-20　下载配置　　　　　　　图 1-21　数字时钟运行结果

二、相关知识学习

1. 系统变量

McgsPro 嵌入版组态软件内部定义了一些变量,即系统变量。在进行组态时,可直接使用这些系统变量,并且可在用户窗口、脚本程序中自由使用,但它们只有值的属性,没有工程单位、最大值、最小值和报警属性。

为了和用户自定义的变量相区别,系统变量的名称一律以"＄"符号开头。常用的系统变量有:$Date、$Day、$Time、$Week、$RunTime 和 $UserName。

(1) $Date:读取当前时间——日期,字符串格式为(年-月-日),年用四位数表示,月、日用两位数表示,如 1997-01-09。

(2) $Day:读取当前时间——日,数值型格式为(1~31),如 15。

(3) $Time:读取当前时间——时刻,字符串格式为(时:分:秒),时、分、秒均用两位数表示,如 20:12:39。

(4) $Week:读取计算机系统内部的当前时间——星期,数值型格式为(1~7)。

(5) $RunTime:读取应用系统启动后所运行的秒数,小数部分表示毫秒值。

(6) $UserName:在程序运行时记录当前用户的名字。若没有用户登录或用户已退出登录,"＄UserName"为空字符串。

2. 标签

在 McgsPro 嵌入版组态软件中,标签构件属于图元对象,主要用于在用户窗口中显示一些说明文字,也可显示数据或字符。标签构件的属性包括静态属性和动画连接动态属性。静态属性是设置标签的填充颜色、字体颜色、边线的类型和颜色等。动画连接动态属性是设置标签构件在系统运行时的动画效果,其动画连接形式主要包括 4 种:颜色动画连接(填充颜色、边线颜色、字符颜色)、位置动画连接(水平移动、垂直移动、大小变化)、输入输出连接(显示输出、按钮输入、按钮动作)和特殊动画连接(可见度、闪烁效果)。

在通常情况下,组态画面的动画效果依赖于用户窗口中的图形动画构件和实时数据库中的数据对象之间建立的某种关系。一个图元、图符对象可以同时定义多种动画连接,由图元、图符组合成图形对象,最终的动画效果是多种动画连接方式的组合效果。根据实际需要,灵活地对图形对象定义动画连接,就可以呈现出各种逼真的动画效果。

标签的属性设置

1)标签的属性设置

标签的属性设置,如图1-22所示。

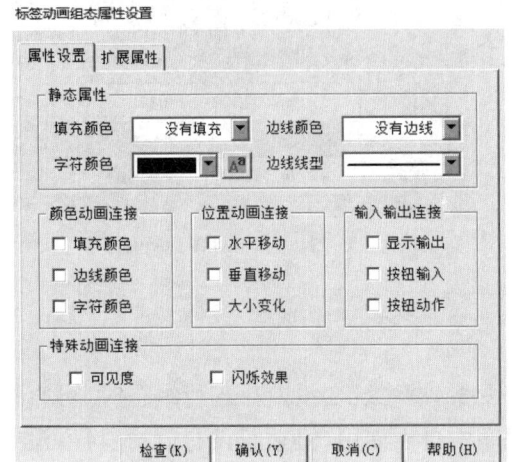

图1-22 标签的属性设置

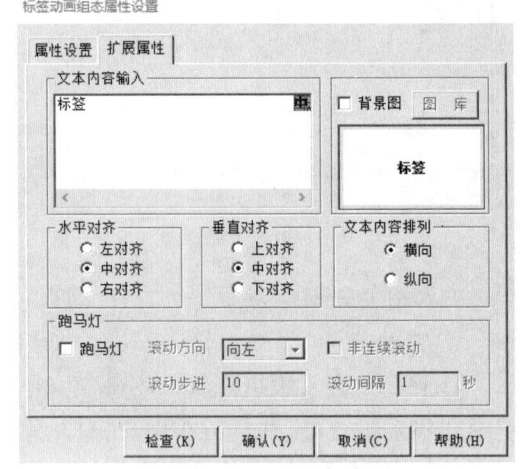

图1-23 标签的扩展属性

在属性设置页中,通过静态属性对标签构件的填充颜色、边线颜色、字符颜色、边线线型进行设置。勾选动画连接的复选框,即可显示相应动画设置的属性页。

2)标签的扩展属性

标签的扩展属性,如图1-23所示。

在扩展属性页中,可以在"文本内容输入"框中进行文本编辑,设置对齐方式、文本内容排列方式,用位图作为标签背景,同时可以组态"跑马灯"功能。

(1)文本内容:文本内容可输入单行文本、多行文本,支持多语言。标签构件在"输入输出连接"动画没有勾选"显示输出"功能时,标签将显示此处设置的文本内容。反之则显示"显示输出"项组态的内容,此时文本内容设置无效。

(2)对齐方式:对齐方式分为水平对齐(左对齐与中对齐、右对齐)与垂直对齐(上对齐、中对齐、下对齐)。

(3)背景图:目前此功能只能选择使用位图,且只支持bmp、jpg、png、svg、ico格式图片。

(4)文本内容排列:横向(从左到右书写方式)、纵向(逆时针旋转90°从下到上书写)。其中纵向排列方式和垂直对齐设置是互斥的,且纵向不能设置多行。

(5)跑马灯:跑马灯功能通过设定移动文本内容的动作达到文字滚动效果。其中,

"非连续滚动"指定文字滚动到一端后完全消失,并间歇"滚动间隔"指定的时间后,再进行下一次文字滚动;"滚动方向"指定文字滚动的方向,支持上下左右四个方向滚动;"滚动步进"指文字滚动时每秒移动的像素值。

3)标签的显示输出动画设置

标签的显示输出动画设置,如图 1-24 所示。

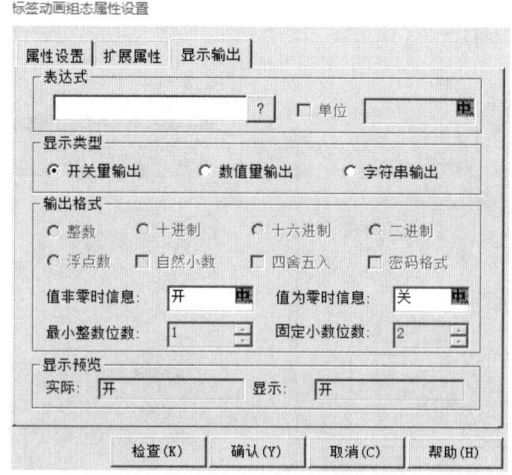

图 1-24 显示输出动画设置

(1)表达式:本项内容必须设置,指定标签构件所连接的表达式名称。使用右侧的问号"?"按钮,可以方便地查找已经定义的所有变量,双击所需连接的变量,即可将其设置在栏内。可以连接的变量包括浮点数、整数和字符串 3 种类型,也包括它们的表达式。

(2)单位:显示类型为数值量输出时,可用此项。

(3)显示类型:本项内容必须设置,可供选择显示类型包括开关量输出、数值量输出和字符串输出 3 种。

(4)输出格式:设定了此项后,数值将以设定的格式显示,输出格式包括整数、浮点数、十进制、十六进制、二进制、自然小数、四舍五入、密码格式、值非零时信息、值为零时信息、最小整数位数与固定小数位数。当输入的整数位数小于设置的最小整数位数时,数据通过前补零的方式调整整数位数。输出格式为十六进制时,最小整数位数设置范围为 1~8;输出格式为二进制时,最小整数位数设置范围为 1~32;输出格式为十进制或浮点数时,最小整数位数设置范围为 1~16。四舍五入即当输入数据的小数位数超过设置的固定小数位数时,采用四舍五入的方式输出。

(5)显示预览:可以通过此项预览实际值与显示效果。

注:若表达式关联浮点数变量,却选择整数输出格式,浮点数变量会转化为整数显示,小数位的精度会损失。

3. 输入框

输入框构件用于接收用户通过键盘输入的信息,通过合法性检查之后,将它转换为适当的形式,赋予实时数据库中所连接的变量。输入框构件也可以作为数据输出的器件,显示所连接的变量的值。形象地说,输入框构件在用户窗口中提供了一个观察和修改实时数据库中变量的值的方法。

组态过程中,双击已经放置在用户窗口中的输入框构件,将弹出构件的属性设置对话框。本构件包括基本属性、操作属性、键盘属性和安全属性共四个属性窗口页。

1) 基本属性

输入框基本属性,如图 1-25 所示。

输入框的属性演示

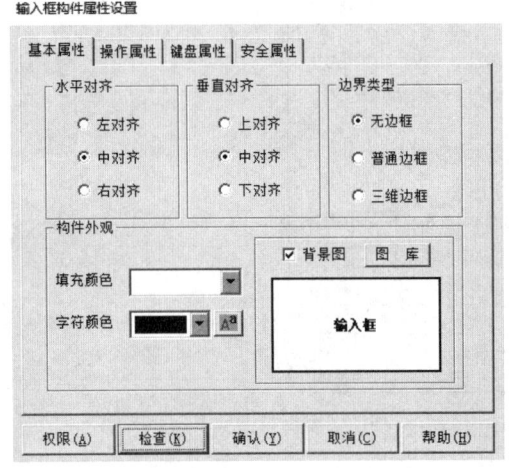

图 1-25 输入框基本属性

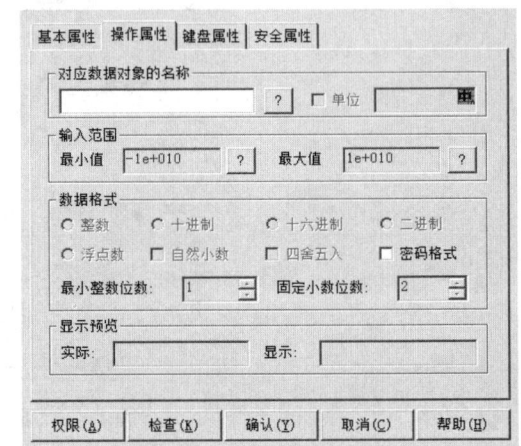

图 1-26 输入框操作属性

（1）水平对齐:包括左对齐、中对齐、右对齐,是指输入框内的字符的显示方式。

（2）垂直对齐:包括上对齐、中对齐、下对齐,是指输入框内的字符的显示方式。

（3）边界类型:指定输入框构件的边界形式。其中"三维边框"是在 Windows 95 和 Windows NT 运行环境下编辑框的标准外形,可以使整个界面具备三维效果;"无边框"则主要用于将输入框与其他图形元素组合起来,从而呈现具有输入功能的复杂图形。

（4）构件外观:包括填充颜色、字符颜色。"背景图"是可选项,通过选择此项可以用图片作为输入框的背景(目前支持 bmp、jpg、png、svg、ico 图片格式)。

2) 操作属性

输入框操作属性,如图 1-26 所示。

（1）对应数据对象的名称:本项内容必须设置,指定输入框构件所连接的变量名称。使用右侧的问号("?")按钮,可以方便地查找已经定义的所有变量,双击所要连接的变量,即可将其设置在栏内。可以连接的变量包括浮点数、整数和字符型三种类型。

（2）单位:可选项,若勾选此功能,输入单位字符串,运行时数据后会追加显示数据的单位,数据单位支持多语言。

（3）输入范围:本项对浮点数、整数变量有效,且只限制输入时数据范围而不限制显示的数据范围。设定了最小值和最大值即确定了数值输入范围,若超过了界限值,则运行时只取设定的界限值。

（4）数据格式:设定了此项后,数值将以设定的格式显示。

① 数据格式包括十进制、十六进制、二进制、自然小数、四舍五入、密码格式、最小整数位数、固定小数位数,整数和浮点数,根据关联变量自动调整。

② 当输入的整数位数小于设置的最小整数位数时,数据通过前补零的方式调整整数位数。

③ 当输入数据的小数位数超过设置的固定小数位数时可以采用四舍五入的方式输入。

④ 密码格式项是指当输入字符型或自然小数格式数值数据时,数据在输入框内以"*"形式显示。当连接不同类型的变量时,可使用的数据格式也不同。

⑤ 自然小数是指用户对小数位的格式不做特殊要求而让系统根据最大有效位数(范围为0~16,0表示6位有效数字)决定小数位精度。若用户需要指定小数位数,就要取消自然小数位,并在下面的小数位数输入框输入指定小数位,自然小数位和"四舍五入"选项互斥。

⑥ 数据格式为浮点数时,可选择自然小数位或设置"四舍五入",数据默认以十进制形式显示;为整数时,也可以使用十进制、十六进制、二进制。对于任何数据类型,"密码格式"项均可以使用。

(5) 显示预览:设置时,可以通过此项预览显示效果。

3) 键盘属性

输入框键盘属性,如图1-27所示。

(1) 系统默认键盘:输入时弹出系统默认样式键盘,系统缺省键盘可以根据关联数据类型弹出对应形态的输入键盘。

(2) 当前窗口键盘:输入时输入框不弹出键盘,而是通过物理键盘或窗口中已经组态的键盘进行输入操作。

(3) 其它窗口键盘①:弹出键盘是用户自定义的键盘窗口。"键盘窗口"指定用户自定义键盘所在的窗口位置;"自定义位置"指定键盘弹出的位置,若不勾选此选项,键盘位置将跟随系统设置或键盘窗口配置参数。

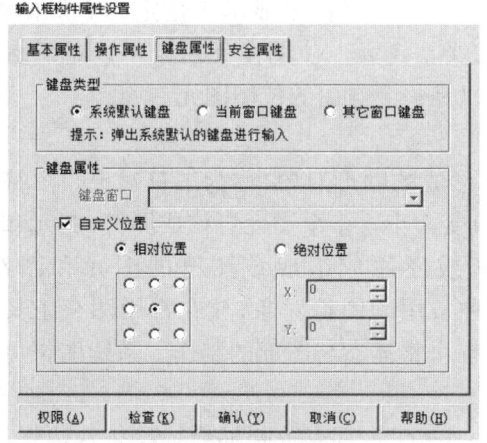

图1-27 输入框键盘属性

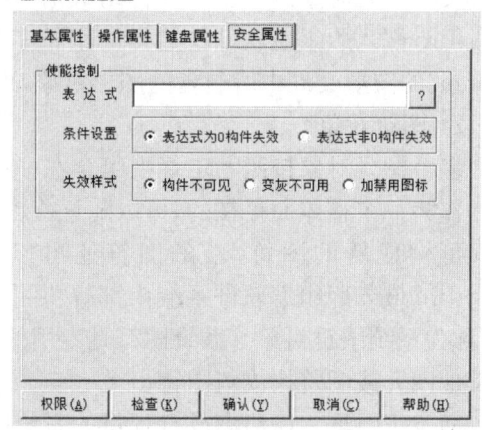

图1-28 输入框安全属性

4) 安全属性

输入框安全属性,如图1-28所示。

---

① 此处的"其它窗口键盘"仅为与计算机窗口显示保持一致,书中别处仍写作"其他"。本书中类似情形均如此处理。

(1) 表达式:本项中可以输入一个表达式,用表达式的值来控制构件是否可操作(即使能状态)。如不设置任何表达式,则运行时,构件始终处于可操作状态。可使用右侧的问号("?")按钮查找并设置所需的表达式。

(2) 条件设置:指定表达式的值与构件使能状态相对应。

(3) 失效样式:指定构件不可操作时(构件失效)构件的外观状态。

4. 用户窗口

用户窗口由用户来定义,是组成组态软件图形界面的基本单位。图形对象放置在用户窗口中,它是组成用户应用系统图形界面的最小单元。McgsPro 嵌入版组态软件中的图形对象包括图元对象、图符对象和动画构件 3 种类型。不同类型的图形对象有不同的属性,所能完成的功能也各不相同。

图形对象可以从 McgsPro 嵌入版组态软件提供的绘图工具箱和常用图符工具箱中选取,如图 1-29 所示。在绘图工具箱中提供了常用的图元对象和动画构件,在常用图符工具箱中提供了常用的图形。

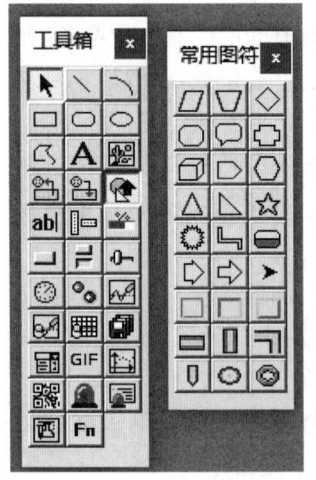

图 1-29 绘图工具箱和常用图符工具箱

1) 图元对象

图元对象是构成图形对象的最小单元,多种图元对象的组合可以构成新的、复杂的图形对象。McgsPro 嵌入版组态软件为用户提供了下列 8 种图元对象:直线、弧线、矩形、圆角矩形、椭圆、折线或多边形、标签、位图。

折线或多边形图元对象是由多个线段或点组成的图形元素,当起点与终点的位置不相同时,该图元为一条折线;起点与终点的位置相重合时,就构成了一个封闭的多边形。

文本图元对象是由多个字符组成的一行字符串,该字符串显示于指定的矩形框内。McgsPro 嵌入版组态软件把这样的字符串称为文本图元。位图图元对象可以是后缀为".bmp"的图形文件中所包含的图形对象,也可以是一个空白的位图图元。

2) 图符对象

多个图元对象按照一定规则组合在一起所形成的图形对象,称为图符对象。图符对象是作为一个整体而存在的,可以随意移动和改变大小。多个图元可构成图符,图元和图符又可构成新的图符,新的图符还可以分解或还原成组成该图符的图元和图符。McgsPro 嵌入版组态软件系统内部提供了 27 种常用的图符对象,放在常用图符工具箱中,称为系统图符对象。系统图符是专用的,以一个整体参与图形的制作。系统图符可以和其他图元或图符构成新图符。

McgsPro 嵌入版组态软件提供的系统图符:平行四边形、等腰梯形、菱形、八边形、注释框、十字形、立方体、楔形、六边形、等腰三角形、直角三角形、五角星形、星形、弯曲管道、罐形、粗箭头、细箭头、三角箭头、凹槽平面、凹平面、凸平面、横管道、竖管道、管道接头、三维锥体、三维球体、三维圆环。

3) 动画构件

动画构件是将工程监控作业中经常操作或观测用的一些功能性器件软件化,做成外观相似、功能相同的构件存入 McgsPro 嵌入版组态软件的"工具箱"。动画构件可供用户在图形对象组态配置时选用,完成一个特定的动画功能。动画构件本身是一个独立的实体,它比图元和图符包含更多的特性和功能,但其不能和其他图形对象一起构成新的图符。McgsPro 嵌入版组态软件目前提供的动画构件如下。

(1) 输入框构件:用于输入和显示数据;

(2) 流动块构件:实现模拟流动效果的动画显示;

(3) 百分比填充构件:实现按百分比控制颜色填充的动画效果;

(4) 标准按钮构件:接受用户的按键动作,执行不同的功能;

(5) 动画按钮构件:随按钮的动作变化显示内容;

(6) 旋钮输入构件:以旋钮的形式输入数据对象的值;

(7) 滑动输入器构件:以滑动块的形式输入数据对象的值;

(8) 旋转仪表构件:以旋转仪表的形式显示数据;

(9) 动画显示构件:以动画的方式切换显示所选择的多幅画面;

(10) 实时曲线构件:显示数据对象的实时数据变化曲线;

(11) 历史曲线构件:显示历史数据的变化趋势曲线;

(12) 报警显示构件:显示数据对象实时产生的报警信息;

(13) 自由表格构件:以表格的形式显示数据对象的值;

(14) 历史表格构件:以表格的形式显示历史数据,可以用来制作历史数据报表;

(15) 存盘数据浏览构件:用表格形式浏览存盘数据。

McgsPro 嵌入版组态软件体系架构演示

5. McgsPro 嵌入版组态软件的体系结构

McgsPro 嵌入版组态软件包括组态环境和模拟运行环境。模拟运行环境用于对组态后的工程进行模拟测试,方便用户对组态过程的调试。组态环境和模拟运行环境相当于一套完整的工具软件,可以在计算机上运行。它帮助工程人员设计和构造自己的组态工程并进行功能测试。

组态环境帮助用户设计和构造自己的应用系统。McgsPro 嵌入版组态软件生成的用户应用系统,其结构由主控窗口、设备窗口、用户窗口、实时数据库和运行策略 5 个部分构成,如图 1-30 所示。

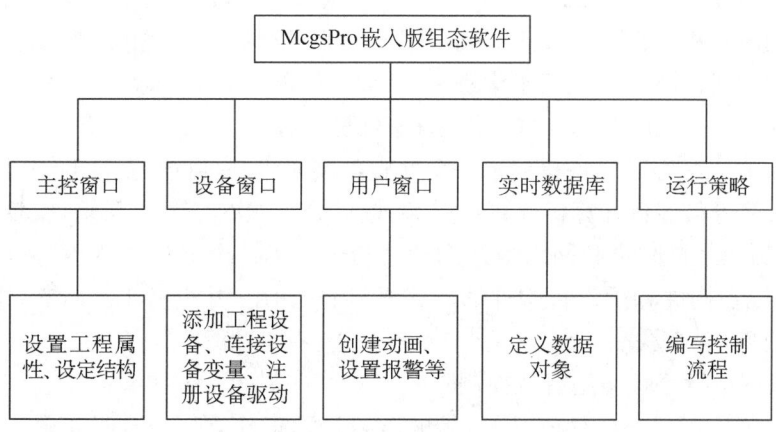

图 1-30 组态环境结构

McgsPro 嵌入版组态软件的运行环境中应用最多的是窗口，窗口直接提供给用户使用。窗口内，用户可以放置不同的构件和创建图形对象并调整画面的布局，还可以组态配置不同的参数来完成不同的功能。

在 McgsPro 嵌入版组态软件中每个应用系统只能有一个主控窗口和一个设备窗口，但可以有多个用户窗口和多个运行策略，实时数据库中也可以有多个数据对象。McgsPro 嵌入版组态软件用主控窗口、设备窗口和用户窗口来构成一个应用系统的人机交互图形界面，组态配置各种不同类型和功能的对象或构件，同时可以对实时数据进行可视化处理。

运行环境是一个独立的运行系统，它按照组态工程中用户指定的方式进行各种处理，完成工程人员组态设计的目标和功能。运行环境必须与组态工程一起作为一个整体才能构成一个完整的应用系统。组态工作完成后将组态好的工程通过以太网下载到触摸屏的运行环境中，组态工程就可以离开组态环境而独立在触摸屏上运行，从而实现控制系统的可靠性、实时性、确定性和安全性。

6. McgsPro 嵌入版组态软件的工作方式

（1）McgsPro 嵌入版组态软件与设备进行通信

McgsPro 嵌入版组态软件通过设备驱动程序与外部设备进行数据交换，包括数据采集和发送设备指令。设备驱动程序是由程序设计语言编写的 DLL 文件，包含符合各种设备通信协议的处理程序，负责将设备运行状态的特征数据采集进来或发送出去。McgsPro 嵌入版组态软件负责在运行环境中调用相应的设备驱动程序，将数据传送到工程的各个部分，完成整个系统的通信过程。每个驱动程序独占一个线程，达到互不干扰的目的。

（2）McgsPro 嵌入版组态软件呈现动画效果

McgsPro 嵌入版组态软件为每一种基本图形元素定义了不同的动画属性，如一个长方形的动画属性有可见度、大小变化、水平垂直移动等。每一种动画属性都会产生一定的动画效果。

在组态环境中生成的画面都是静止的，如何在工程运行中产生动画效果呢？图形的每一种动画属性都有一个表达式"?"设定栏，在该栏中设定一个与图形状态相联系的数据变量，连接到实时数据库中，以此建立相应的对应关系。

当工业现场中测控对象的状态发生变化时，通过设备驱动程序将变化的数据采集到实时数据库的变量中，该变量是与动画属性相关的变量，数值的变化会使图形的状态产生相应的变化。现场的数据被连续采集进来，就会产生逼真的动画效果。

（3）McgsPro 嵌入版组态软件实施远程多机控制

McgsPro 嵌入版组态软件提供了一套完整的网络机制，可通过 TCP/IP 网络、无线网络、RS 485 通信等与多台计算机连接在一起，构成分布式网络测控系统，实现网络间的实时数据同步、历史数据同步和网络事件的快速传递。McgsPro 嵌入版组态软件把各种网络形式，以父设备构件和子设备构件的形式，供用户调用，并进行工作状态、端口号、工作站地址等属性参数的设置。

（4）对工程运行流程实施有效控制

McgsPro 嵌入版组态软件的"运行策略"窗口，负责建立用户运行策略。McgsPro 嵌入版组态软件提供了丰富的功能构件,供用户选用,通过构件配置和属性设置两项组态操作,可以生成各种功能模块,使系统能够按照设定的顺序和条件,操作实时数据库,实现对动画窗口的任意切换,控制系统的运行流程和设备的工作状态。

 项目评价

按表1-1进行本项目的评价与总结。

表1-1 项目评价表

学期	工作形式		他人评分	实际完成时间	
	□个人 □小组分工 □小组		□是 □不是		
评分内容	评分标准	分数	学生评分	教师评分	得分
软件安装	McgsPro嵌入版组态软件的安装与卸载	10分			
工程创建	创建工程和工程重命名	10分			
数字时钟	日期、时间、星期正确显示	60分			
数字时钟创新	创新设计	20分			
考核时间30分钟	每超时10分钟扣5分				
总分		学生签名:			
		教师签名:			
		日期:			

 思政园地

让更多国产软件大显身手

新一代信息技术日益融入经济社会各领域全过程,作为数字经济蓬勃发展的重要底座,软件产业做大做强正当其时。

回首中国软件业10年的发展历程,行业业务收入从2012年的约2.5万亿元增长至2021年的约9.5万亿元,增长了近3倍,一直保持两位数的高增长率。增长背后的秘诀是什么?

2012年以前,在全球信息产业蓬勃发展的大潮下,我国主动融入全球软件产业链分工,各行业信息化应用需求旺盛,软件产业保持高速增长,却长期处于中低端,核心软件受制于人。随着市场红利逐步向产业链上游转移,通过提升自主创新能力,加速向产业价值链中上游攀升,成为软件业高质量发展的必由之路。

这10年,锚定创新,升级提速,产业链的核心竞争力持续提升。三维CAD建模能力持续提升,产品性能已接近国际中等水平;管理软件不仅市场份额绝对占优,在高端市场

也能与海外厂商竞争——一代科技人未雨绸缪,坚定走上科技自立之路,十年如一日,"奋力磨一剑",推出一批标志性成果;一批优秀企业凭借聚力攻关的韧劲、深化应用的拼劲和扎根产业的闯劲,在自主创新中砥砺前行,推动我国软件业实现了规模质量效益全面提升。

这10年,顶住压力,不惧挑战,产业链的安全可控性持续增强。升级之路注定不会一帆风顺。在大风大浪中,国产软件业保持定力,收获了国产数据库实现从0到1的艰难蜕变,在多个行业领域扎根成长。实践反复告诉我们,关键技术是要不来、买不来、讨不来的。特别是在信息技术深刻影响各行各业转型升级、时刻关乎千家万户美好生活的当下,中国软件业比过去任何时候都更需要把创新主动权、发展主动权牢牢掌握在自己手上。

踏上新征程,推进软件业高质量发展、实现产业竞争力新跃升,仍然需要增强忧患意识、坚定创新信心,以研用并举赢得更广阔的发展空间。一方面,我国基础软件生态尚未成熟,工业软件还处于爬坡阶段,仍须埋头苦干、突破核心技术,才能保障产业链供应链安全。另一方面,也要加快应用推广、加速产品迭代成熟。工业软件基于工业需求开发,需要更多企业向国产软件开放应用场景,才能在市场检验中促进技术进步。

树高叶茂,系于根深。当前新一代信息技术方兴未艾,日益融入经济社会各领域全过程,作为数字经济蓬勃发展的重要底座,软件产业做大做强正当其时。应该看到,我国拥有集中力量办大事的制度优势、超大规模的市场优势和较为完备的工业体系,产业创新发展底气足、潜能大。坚定信心,坚持科技自立自强,软件业一定能在高质量发展道路上大显身手。

——《人民日报》(2022年05月25日18版)

 练习与思考

1. McgsPro嵌入版组态软件内部设定了哪些系统变量?作用是什么?
2. 如何查看窗口中的控件的具体位置和大小?
3. McgsPro嵌入版组态软件工具箱中的输入框的作用是什么?
4. 设计并制作如图1-31所示的简易时间信息显示屏。

图1-31 简易时间信息显示屏

项目 2

按钮指示灯的控制

学习目标

1. 知识目标

(1) 掌握 McgsPro 嵌入版组态软件工作台的功能;
(2) 掌握 McgsPro 嵌入版组态软件各个窗口的功能作用;
(3) 掌握组态工程的创建及保存方法。

2. 能力目标

(1) 理解组态软件的工作原理;
(2) 掌握 McgsPro 嵌入版组态软件公共图库的使用方法;
(3) 了解 McgsPro 嵌入版组态软件的标准按钮的使用方法;
(4) 能独立完成按钮指示灯控制组态工程的创建和调试。

3. 素质目标

(1) 培养学生信息收集能力和动手实践能力;
(2) 激发浓厚的学习兴趣,培养严谨的学习态度;
(3) 培养良好的职业道德;
(4) 提高团队合作能力与沟通能力。

项目描述

建立一个按钮指示灯控制系统的组态画面,并完成以下控制要求:
(1) 单击"点亮"按钮,灯亮;松开"点亮"按钮,灯灭。
(2) 单击"开灯"按钮,灯亮;单击"熄灯"按钮,灯灭。
(3) 单击"闪烁"按钮,灯闪烁;松开"闪烁"按钮,灯灭。

 项目实施

任务 2.1　McgsPro 嵌入版组态软件工作台的认知

一、任务要求

通过 Mcgs-G 系列样例演示工程的使用，了解 McgsPro 工作台五大窗口及其功能，能熟练地对这些窗口进行操作。

McgsPro 嵌入版组态软件工作台的认知

二、任务实施

1. 打开 Mcgs-G 系列样例演示工程

样例演示工程默认保存在软件安装根目录的 Samples 文件夹下，如 D:\McgsPro\Samples。打开文件夹后，双击打开"G 系列样例演示工程 1024×600.MCP"。

打开样例演示工程，工作台如图 2-1 所示。工作台有 5 个窗口供用户选择，分别为主控窗口、设备窗口、用户窗口、实时数据库和运行策略。工作台相当于一个大的容器，可以放置一个主控窗口、一个设备窗口和多个用户窗口，负责这些窗口的管理和调度，并调度用户策略的运行。

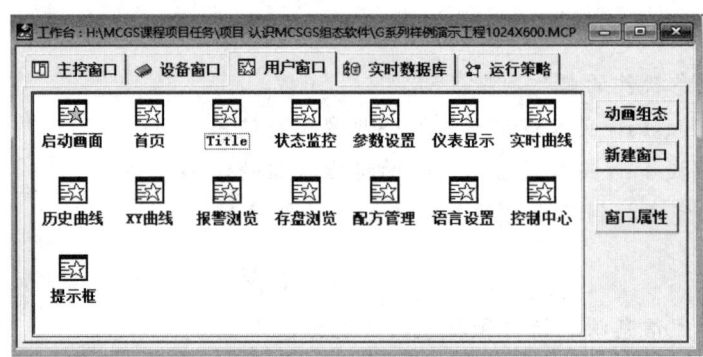

图 2-1　样例演示工程工作台

（1）主控窗口。在工作台上，选择"主控窗口"，打开主控窗口，如图 2-2 所示。点击"系统属性"按钮，弹出主控窗口属性对话框，如图 2-3 所示，系统属性包含基本属性、启动窗口、内存窗口、动画闪烁和系统设置，用于设置系统的通用功能。本样例中全部采用默认设置。

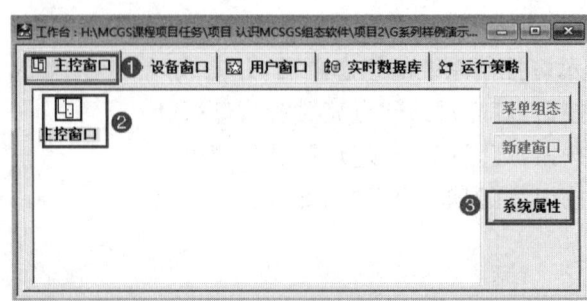

图 2-2　主控窗口

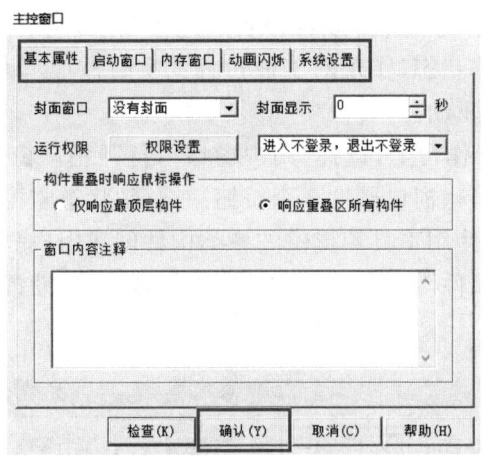

图 2-3　主控窗口属性

（2）设备窗口。在工作台上，选择"设备窗口"，打开设备窗口，如图 2-4 所示。选择"设备组态"按钮，弹出"设备管理"对话框，如图 2-5 所示，图中左侧部分是 McgsPro 嵌入版组态软件提供的所有硬件设备的驱动，若采用的硬件设备驱动不在列表中，需自行安装；图中右侧部分是用户根据硬件设备已选中的硬件驱动。

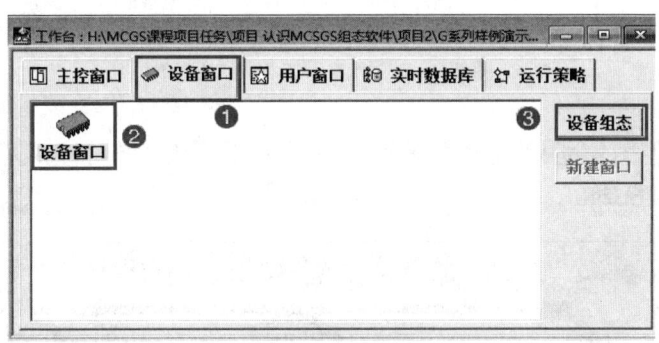

图 2-4　设备窗口

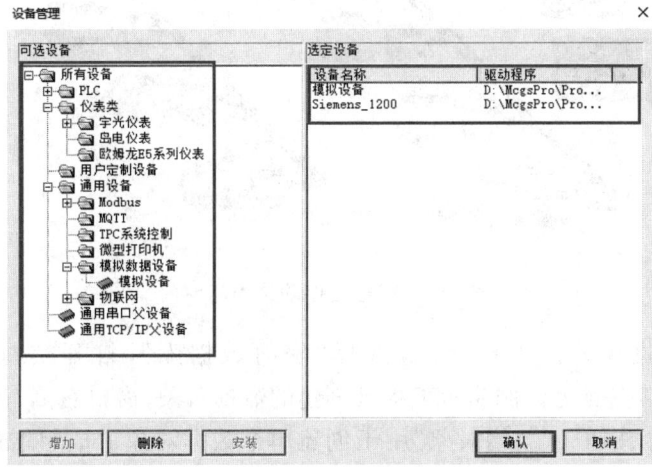

图 2-5　设备驱动程序

硬件驱动可以建立系统与外部硬件设备的连接关系,使系统能够从外部设备读取数据并控制外部设备的工作状态,实现对工业过程的实时监控。因本样例中无任何外接硬件,不需要添加任何设备驱动。

(3)用户窗口。在工作台上,选择"用户窗口",打开用户窗口,如图2-6所示。窗口右侧有动画组态、新建窗口、窗口属性3个按钮。选择"状态监控",点击"动画组态",打开状态监控动画组态窗口,使用工具箱提供的各类构件创建用户画面,如图2-7所示。选中"状态监控",点击"窗口属性",打开状态监控属性设置窗口,设置该用户窗口运行的环境,如图2-8所示。

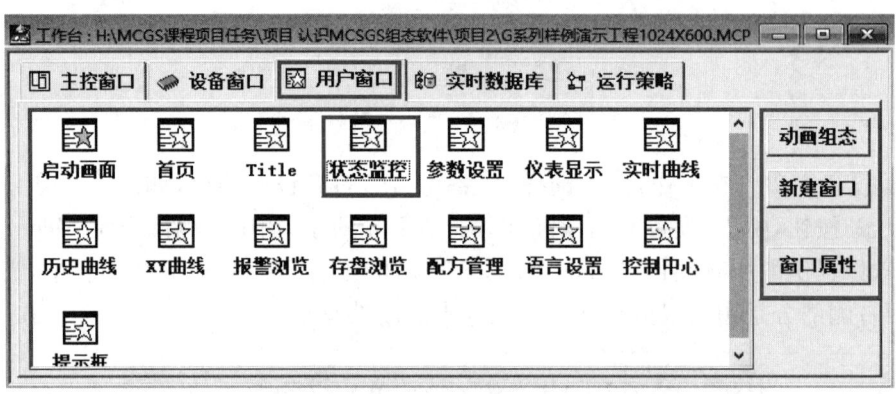

图2-6 样例演示工程用户窗口

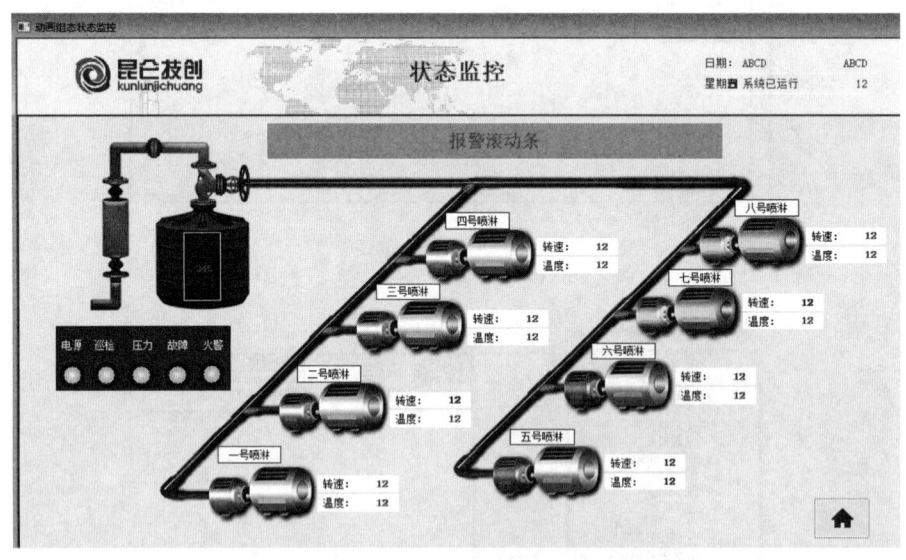

图2-7 状态监控动画组态窗口

(4)实时数据库。在工作台上,选择"实时数据库",打开实时数据库窗口,如图2-9所示。窗口左侧为样例演示工程已创建的数据对象;窗口右侧有新增对象、成组增加和对象属性3个按钮。"新增对象"用于创建单个数据对象;"成组增加"用于批量创建类型相同的数据对象;"对象属性"用于设置数据对象的功能属性。

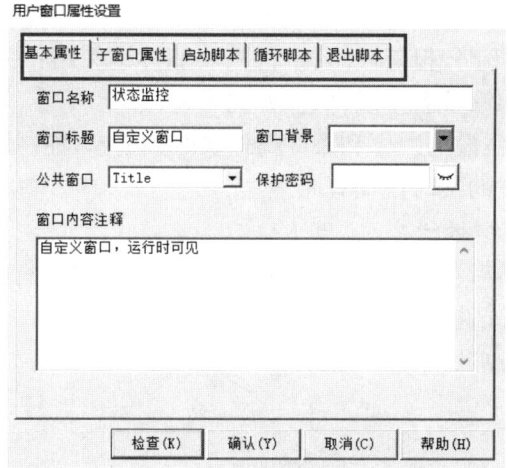

图 2-8 状态监控窗口属性设置

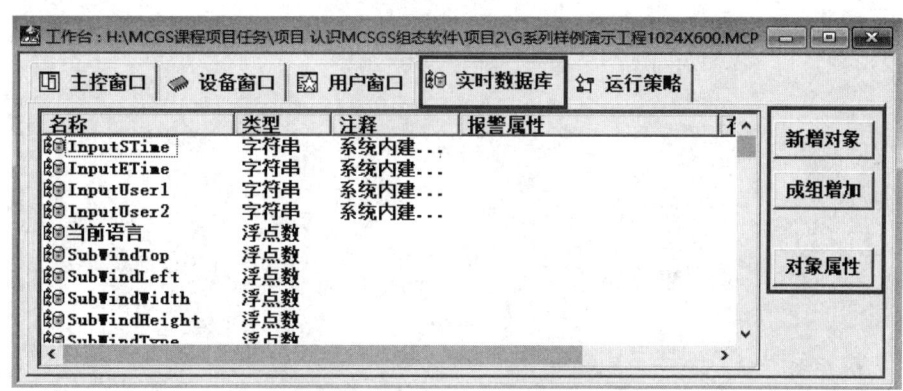

图 2-9 样例演示工程实时数据库

实时数据库是应用系统的数据处理中心。系统各部分均以实时数据库作为公用区进行数据交换,实现各个部分的协调运转。

(5)运行策略。在工作台上,选择"运行策略",打开运行策略窗口,如图 2-10 所示。窗口左侧为样例演示工程已创建的策略;窗口右侧有策略组态、新建策略和策略属性 3 个

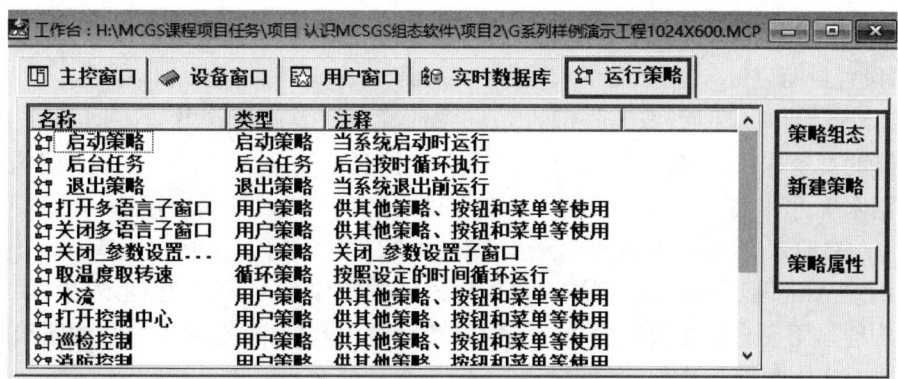

图 2-10 样例演示工程运行策略

按钮。"策略组态"用于修改用户已经创建好的策略任务;"新建策略"用于创建新的用户策略,如用户策略、循环策略、报警策略、事件策略和热键策略;"策略属性"用于对已创建的策略进行属性设置,如策略名修改、执行方式等。

运行策略能够按照预设的顺序和条件操作实时数据库,控制用户窗口状态,修改设备运行数据,提高控制过程的实时性和有序性。

2. 样例演示工程模拟运行

先保存组态文件,然后在菜单栏中选择"工具"和"模拟运行",弹出"下载配置"对话框,在对话框中,运行方式选择为"模拟",点击"工程下载"按钮,等工程下载完成后,再点击"启动运行",模拟运行如图2-11所示。

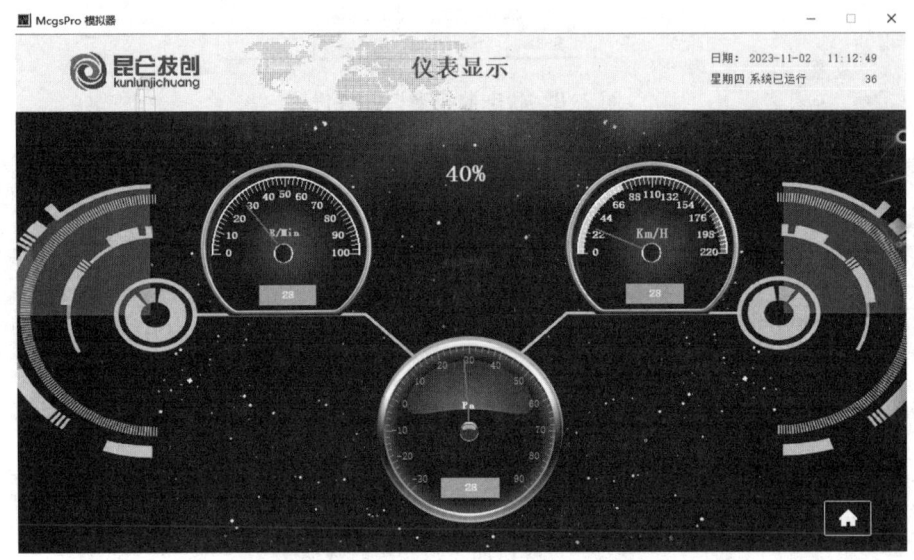

图 2-11 样例演示工程模拟运行

三、相关知识学习

1. McgsPro 嵌入版组态软件的工程构成

McgsPro 嵌入版组态软件的工程由主控窗口、设备窗口、用户窗口、实时数据库和运行策略五部分构成。

（1）主控窗口:构造了应用系统的主框架,用于对整个工程相关的参数进行配置,可设置封面窗口、运行工程的权限、启动画面、内存画面、磁盘预留空间等。

（2）设备窗口:应用系统与外部设备联系的媒介。专门用来放置不同类型和功能的设备构件,实现对外部设备的操作和控制。设备窗口通过设备构件把外部设备的数据采集进来,送入实时数据库,或把实时数据库中的数据输出到外部设备。

（3）用户窗口:实现了应用系统数据和流程的"可视化"。工程里所有可视化的界面都是在用户窗口里面构建的。用户窗口中可以放置3种不同类型的图形对象:图元、图符和动画构件。用户通过在窗口内放置不同的图形对象,可以构造各种复杂的图形界面,用不同的方式实现数据和流程的"可视化"。

（4）实时数据库:应用系统的核心。实时数据库相当于一个数据处理中心,同时也起

McgsPro 嵌入版组态软件的工程构成

到公共数据交换区的作用。

（5）运行策略：对应用系统运行流程实现有效控制的手段。运行策略本身是系统提供的一个框架，其中放置由策略条件构件和策略构件组成的"策略行"，通过对运行策略的定义，使系统能够按照设定的顺序和条件操作任务，实现对外部设备工作过程的精确控制。

其中，实时数据库是整个组态软件的核心，外部设备读取的数据送到实时数据库，再通过用户窗口更改数据库的值，最后由设备窗口输出到外部设备，如图 2-12 所示。

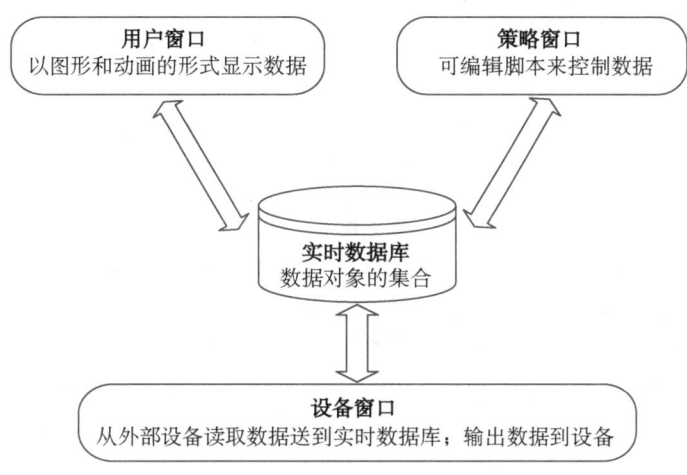

图 2-12　McgsPro 嵌入版组态软件工程的工作原理

用户窗口中的动画构件关联实时数据库中的数据对象，动画构件按照数据对象的值进行相应的变化，从而达到"动起来"的效果。

2. 实时数据库

实时数据库用于保存工程的数据对象。数据对象主要有整数、浮点数、字符串和组对象，每种数据类型的属性不同，用途也不同，如图 2-13 所示。

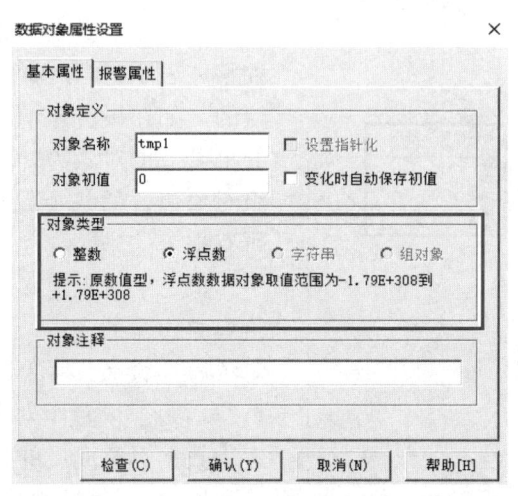

实时数据库

图 2-13　数据对象基本属性

1) 整数数据对象

整数数据对象的数值范围：$-2\,147\,483\,648 \sim 2\,147\,483\,647$。整数数据对象通常与外部设备的数字量输入输出通道连接，用来表示某一设备当前的状态或记录设备的当前整型值。整数数据对象也用于表示McgsPro嵌入版组态软件中某一对象的状态，如一个图形对象的可见度状态。

整数数据对象可以设置状态报警（开关量报警、正跳变报警、负跳变报警）、位报警（位==报警、位 ON→OFF 报警、位 OFF→ON 报警）、值报警（值==报警、值>报警、值>=报警、值<报警、值<=报警）。

2) 浮点数数据对象

浮点数数据对象的取值范围：$-1.79E+308 \sim +1.79E+308$。浮点数数据对象除了存储数值和参与数据运算外，还提供报警信息，并与外部设备的模拟量输入输出通道连接。

浮点数数据对象有限值报警属性（下下限、下限、上限、上上限、上偏差、下偏差），当对象的值超出报警限值时，产生报警；当对象的值在报警限值以内，报警结束；浮点数数据对象还可以设置值报警（值==报警、值>报警、值>=报警、值<报警、值<=报警）。

3) 字符串数据对象

字符串数据对象是存放文字信息的单元，用于描述外部对象的状态特征，由多个字符构成，如果字符串作为初值保存，最大允许长度为 8 KB；如果该对象作为历史数据存储，最大允许长度约 32 KB，其他情况无长度限制。

4) 组对象数据对象

组对象是McgsPro嵌入版组态软件中引入的一种特殊类型的数据对象，类似于编程语言中的数组和结构体，用于把相关的多个数据对象集合在一起，作为一个整体进行定义和处理。为便于处理，定义一个"面包配方"组对象与实际的物理对象进行对应，其内部成员则由上述物理量对应的数据对象组成。这样，在对"面包配方"对象进行处理时，只需指定组对象的名称"面包配方"，就包括了对其所有成员的处理。

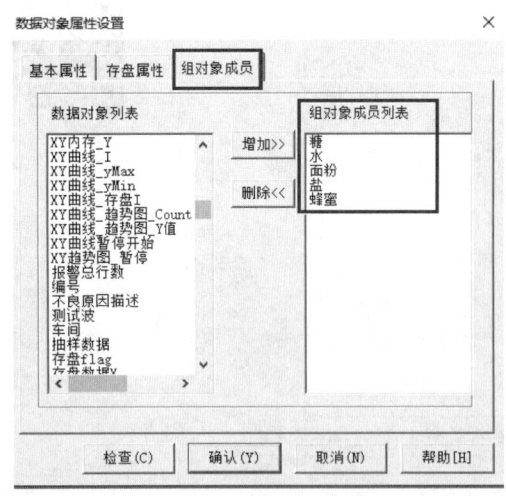

图 2-14　组对象属性设置界面

组对象只是在组态时对某一类对象的一种整体表示，实际操作则是针对某一个成员进行的。如在报警显示动画构件中，指定要显示的报警数据对象为"面包配方"，则该构件显示组对象包含的各个数据对象在运行时产生的所有报警信息。

把一个对象定义成组对象后，还必须设置组对象包含的成员。如图 2-14 所示，在"数据对象属性设置"对话框内，专门有"组对象成员"页，用于设置组对象的成员。对话框的左边为数据对象成员的列表，右边为组对象成员的列表，利用属性页中的"增加"按钮，可以将左边指定的对象添加到组对象成员中；也可以利用"删除"按钮删除指定的组对象的成员。

3. 数据对象配置

1) 整数数据对象

基本属性页用于设置数据对象的基本属性,先在对象类型内选择为"整数",如图 2-15 所示。

(1) 对象名称:用于显示和修改数据对象的名称,指定的数据对象名称不能以"!" "$"开头,不能使用加减乘除等运算符,不能使用大于、等于、小于等逻辑运算符。

(2) 对象初值:用于在数据对象初始化的时候,赋初值给数据对象。

(3) 设置指针化:可将整数和浮点数数据对象设置为指针化数据对象。

(4) 变化时自动保存初值:添加初值属性,初值改变后 60 s 才会刷盘。

(5) 对象注释:用于对该对象进行注释和说明。

报警属性页用于设置数据对象的报警属性,在报警属性表格中单击右键进行报警属性插入、追加、删除、剪切及粘贴操作,双击已有报警参数则可以进行修改。整数对象有状态报警、位报警和值报警,当对象的值触发相应的报警条件时,将产生报警,如图 2-16 所示。

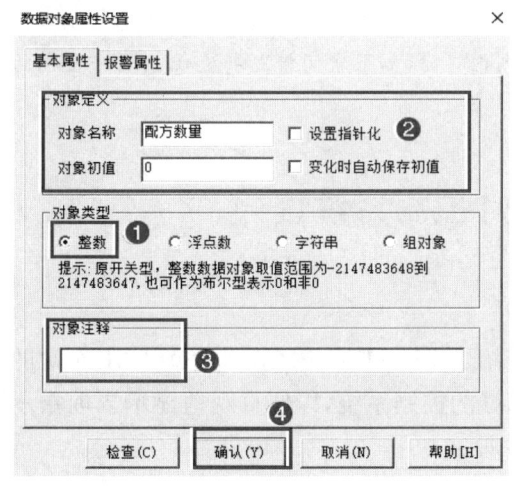

图 2-15 整数数据对象——基本属性

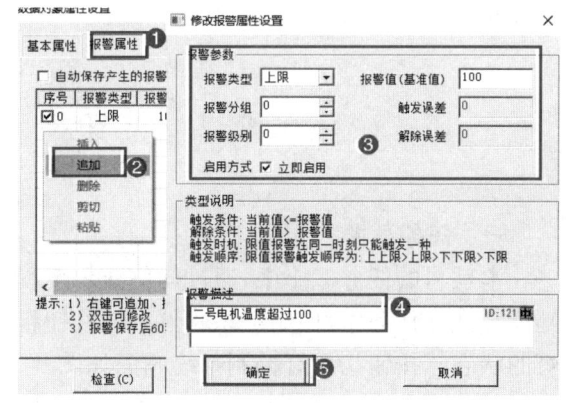

图 2-16 整数数据对象——报警属性

(1) 报警类型:设置报警属性的类型,原报警类型(开关量、跳变、限值、偏差报警)不可重复,新报警类型(位值报警)可重复。

(2) 报警级别:设置报警优先级,当前无效(保留)。

(3) 启用方式:选中表示当前设置的报警会立即生效。

(4) 报警描述:用于描述该项报警的注释型信息,所有类型的报警都有"报警注释"。

(5) 报警值(基准值):报警参数的参照值,限值与开关量报警称作报警值,位报警称作指定位。

(6) 触发误差:触发报警参数,对于部分报警类型此值无效,偏差报警称作报警值,位报警称作指定值。

(7)解除误差:解除报警误差参数值,对于部分报警类型此值无效。

2)浮点数数据对象

浮点数数据对象有基本属性和报警属性,与整数数据对象基本相同。

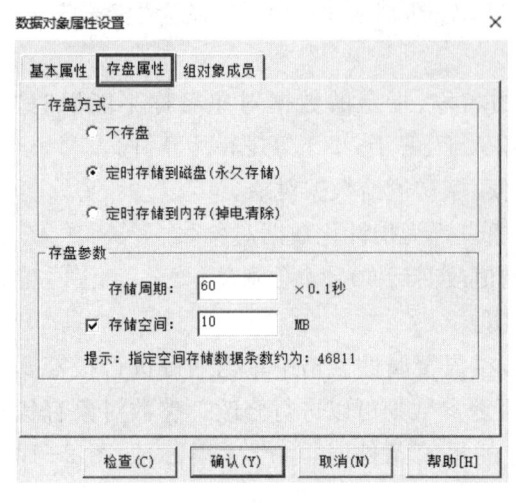

图 2-17 组对象——存盘属性

3)字符串数据对象

字符串数据对象有基本属性页,不具备存盘属性和报警属性功能。其中基本属性页的设置同整数数据对象的基本属性设置,详见整数数据对象的基本属性页设置。

4)数据组数据对象

数据组数据对象可进行基本属性设置和存盘属性设置,但不可进行报警属性设置。其中基本属性设置与整数数据对象的基本属性设置一致,详见整数数据对象的基本属性描述。组对象的存盘属性页主要用于设置组对象是否存盘以及存盘的周期,如图 2-17 所示。

注:存储周期单位为 0.1 s;当存储方式为存储到磁盘时,空间最大为 2 000 MB;当存储方式为存储到内存时,空间最大为 1 024 KB;当存储方式为存储到内存时,如果空间指定不为 0,则最小空间为 256 KB。

任务 2.2　按钮指示灯控制系统设计

一、任务要求

本项目的任务 2.1 中,通过样例演示工程介绍了 McgsPro 嵌入版组态软件工作台的功能。在本任务中,使用组态软件设计按钮指示灯的控制系统,以便直观地显示当前指示灯的状态。按钮指示灯控制系统画面如图 2-18 所示。

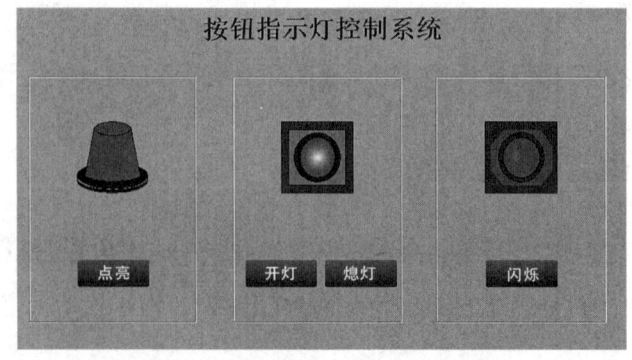

图 2-18 按钮指示灯控制系统画面

二、任务实施

1. 新建工程

双击 McgsPro 嵌入版组态软件组态环境的桌面快捷图标,进入 McgsPro 嵌入版组态软件的组态环境。单击工具栏上的"新建"按钮,弹出工程设置对话框,在人机界面(HMI)配置栏内选择"TPC1021Nt(1024×600)",其他组态配置为默认,点击"确定"按钮,系统自动创建一个名为"新建工程0.MCP"的新工程。选择"文件"菜单中的"工程另存为"命令,弹出文件保存对话框,在"文件名"一栏内,输入"按钮指示灯控制系统",单击"保存"按钮,工程创建完毕。

2. 界面设计

1) 标签的制作

在窗口界面,创建1个标签按钮,在标签的扩展属性页里,将"文本内容输入"栏中的文字修改为"按钮指示灯控制系统",如图 2-19 所示;在属性设置页,设置标签的静态属性为"没有填充、没有边线",字符颜色设置为"黑色",字体设置为"宋体、粗体、一号",如图 2-20 所示。

图 2-19 标签文本输入

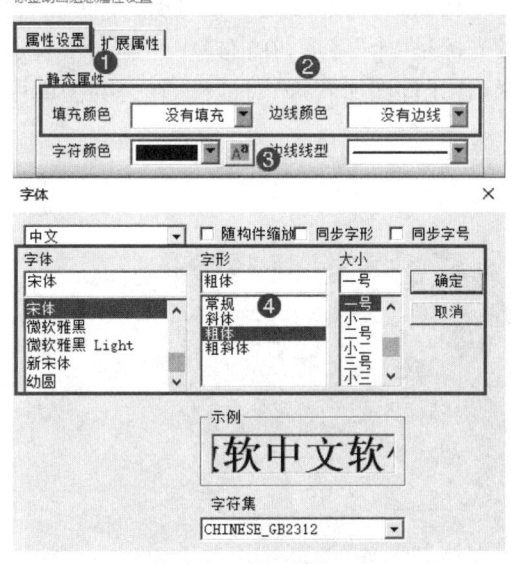

图 2-20 标签属性设置

2) "点亮"控制要求界面设计

在窗口界面,创建1个"凹槽平面"图符,单击图符工具箱中的"凹槽平面"图符,鼠标的光标呈"十"字形,在窗口中绘制大小合适的矩形框;单击工具箱中的"插入元件"图标,弹出"元件图库管理"对话框,在公共图库中,选择"指示灯1",如图 2-21 所示。

单击工具箱中的"标准按钮"图标,鼠标的光标呈"十"字形,绘制出大小合适的按钮。双击该按钮,弹出"标准按钮构件属性设置"对话框,选择"基本属性",将文本的内容修改为"点亮",如图 2-22 所示。

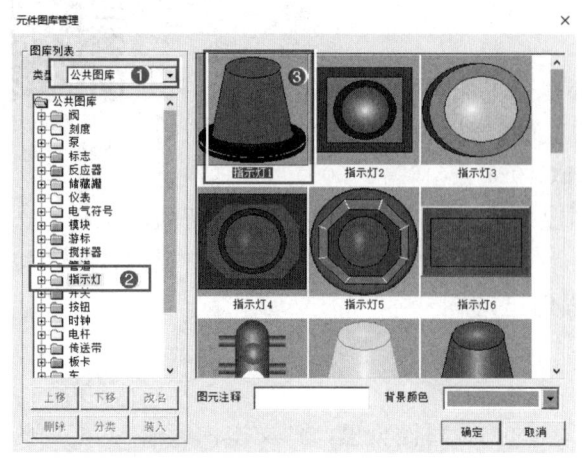
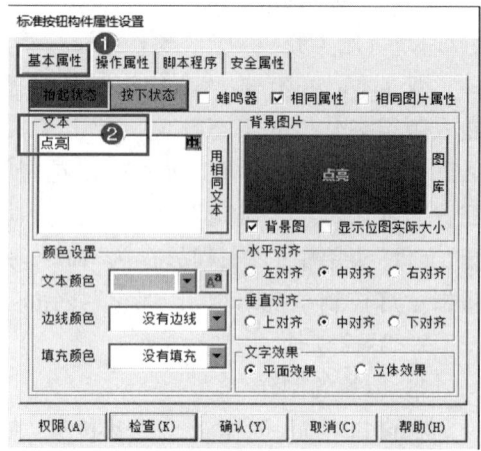

图 2-21 插入"指示灯 1"　　　　　图 2-22 "点亮"按钮的文字设置

设计完成的"点亮"控制要求界面,如图 2-23 所示。

3)"开灯"控制要求画面设计

在窗口界面,创建 1 个"凹槽平面"图符,单击图符工具箱中的"凹槽平面"图符,鼠标的光标呈"十"字形,在窗口中绘制大小合适的矩形框;单击工具箱中的"插入元件"图标,弹出"元件图库管理"对话框,在公共图库中,选择"指示灯 2",如图 2-24 所示。

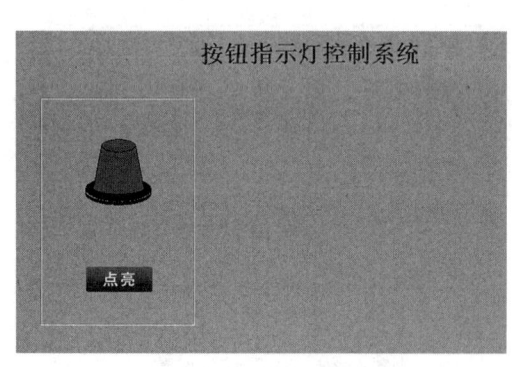
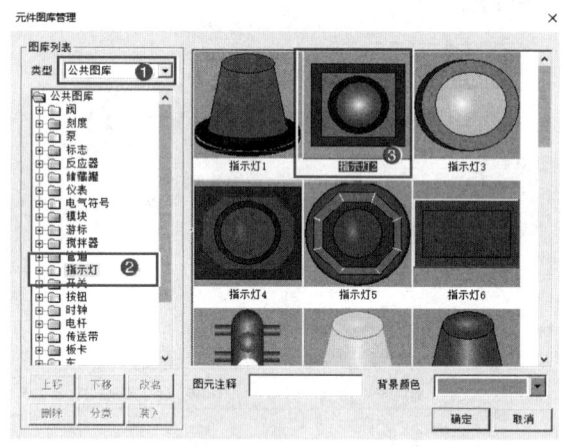

图 2-23 "点亮"控制要求界面　　　　图 2-24 插入"指示灯 2"

单击工具箱中的"标准按钮"图标,鼠标的光标呈"十"字形,绘制出大小合适的两个按钮,参照"点亮"按钮显示文字的设置方法,将按钮的显示文本分别设置为"开灯"和"熄灯",如图 2-25 所示。

4)"闪烁"控制要求界面设计

在窗口界面,创建 1 个"凹槽平面"图符,单击图符工具箱中的"凹槽平面"图符,鼠标的光标呈"十"字形,在窗口中绘制大小合适的矩形框;单击工具箱中的"插入元件"图标,弹出"元件图库管理"对话框,在公共图库中,选择"指示灯 4",如图 2-26 所示。

项目 2　按钮指示灯的控制

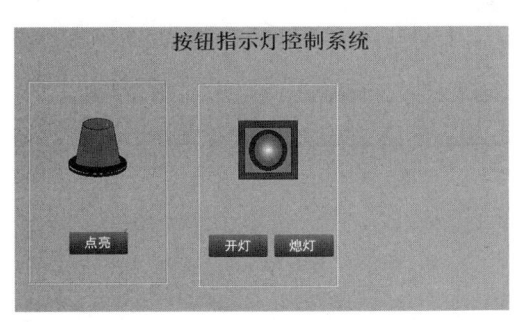

图 2-25　"开灯"控制要求界面

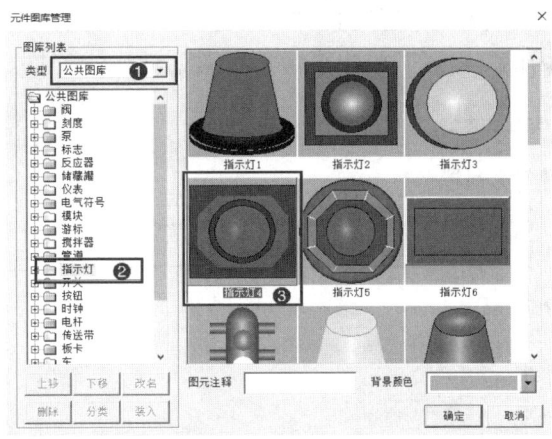

图 2-26　插入"指示灯 4"

单击工具箱中的"标准按钮"图标,鼠标的光标呈"十"字形,绘制大小合适的按钮,参照"点亮"按钮显示文字的设置方法,将按钮的显示文本设置为"闪烁",如图 2-27 所示。

3. 创建数据对象

在系统运行的过程中,指示灯的外观形状由数据对象的值驱动,因此,为了实现指示灯的动画效果,需要创建 3 个指示灯的整数型变量,如图 2-28 所示。

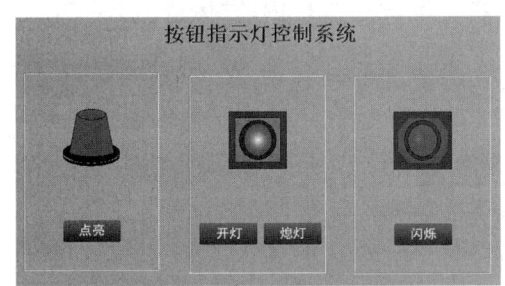

图 2-27　"闪烁"要求画面制作

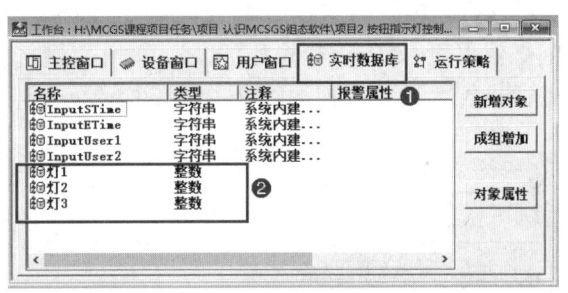

图 2-28　创建数据对象

4. 动画连接

在窗口界面上,双击"指示灯 1"构件,弹出"单元属性设置"对话框,选择变量列表页,单击连接类型下的"表达式",再单击表达式栏内的"?"按钮,弹出变量选择对话框,选择"灯 1"数据对象,如图 2-29 所示。

在窗口界面上,双击"指示灯 2"构件,弹出"单元属性设置"对话框,选择变量列表页,鼠标左键单击连接类型下的"表达式",再单击表达式栏内的"?"按钮,弹出变量选择对话框,选择"灯 2"数据对象,如图 2-30 所示。

在窗口界面上,双击"指示灯 4"构件,弹出

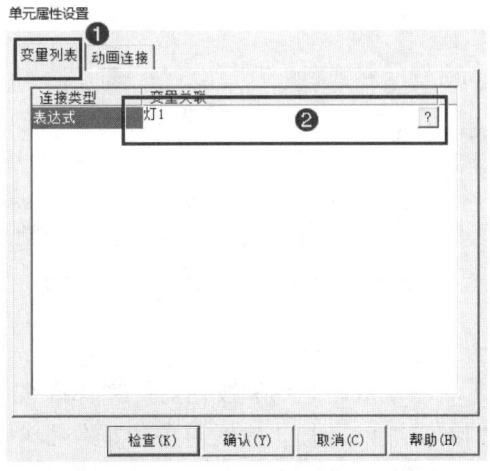

图 2-29　"指示灯 1"数据对象连接

033

"单元属性设置"对话框,选择变量列表页,单击连接类型下的"表达式",再单击表达式栏内的"?"按钮,弹出变量选择对话框,选择"灯3"数据对象,如图2-31所示。

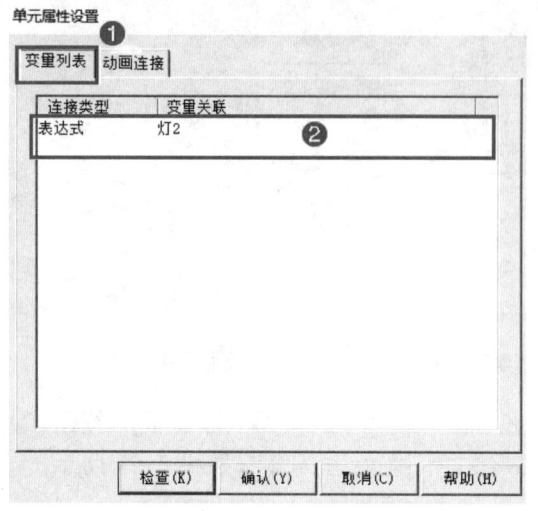

图 2-30 "指示灯 2"数据对象连接

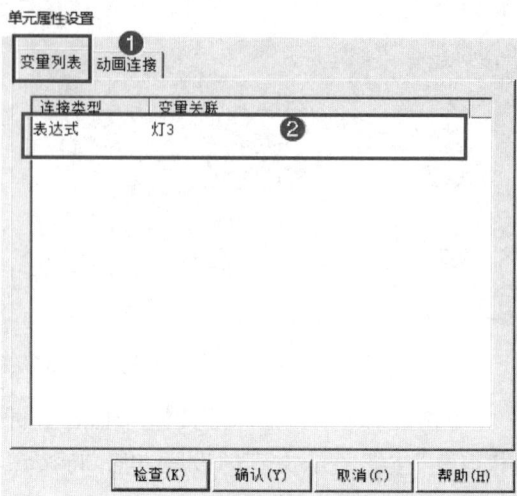

图 2-31 "指示灯 4"数据对象连接

在"单元属性设置"对话框,单击动画连接页,选中"组合图符",再单击表达式栏内的">"按钮,弹出"动画组态属性设置"对话框,勾选特殊动画连接栏内的"闪烁效果",单击闪烁效果页,点击表达式栏的"?",弹出变量选择对话框,选择"灯3"数据对象,其他采用默认设置。设置过程如图2-32～图2-34所示。

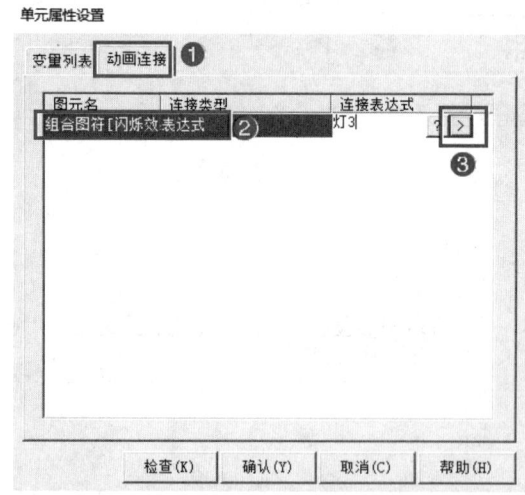

图 2-32 "指示灯 4"动画连接属性设置 1

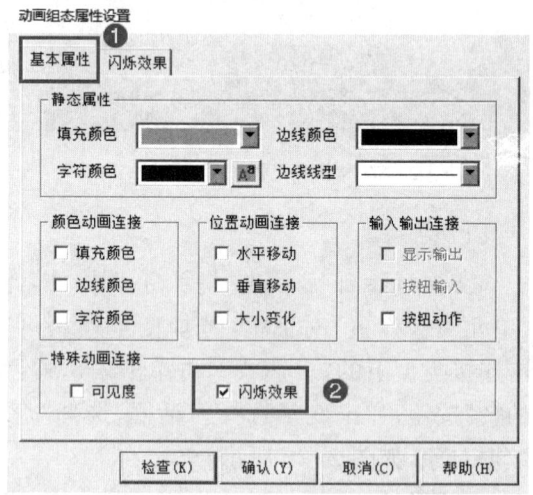

图 2-33 "指示灯 4"动画连接属性设置 2

5. 按钮动作设置

左键双击"点亮"按钮,弹出"标准按钮构件属性设置"对话框,选择操作属性页,点击"抬起功能",勾选"数据对象值操作",单击"?"按钮,在弹出的"变量选择"对话框中选择"灯1"数据对象,再在下拉框中选择为"按1松0",单击"确认"按钮,完成"点亮"按钮属性的设置,如图 2-35 所示。

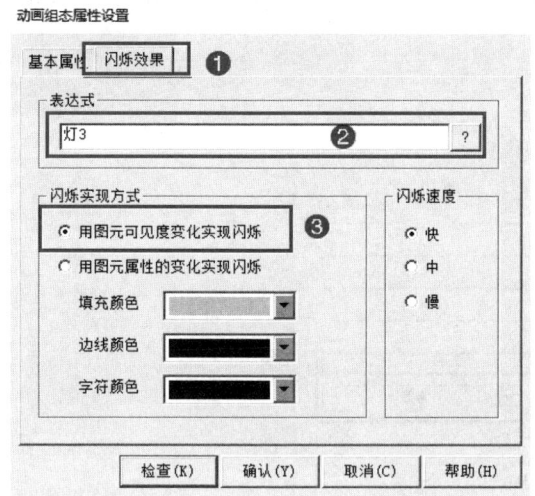

图 2-34 "指示灯 4"动画连接属性设置 3

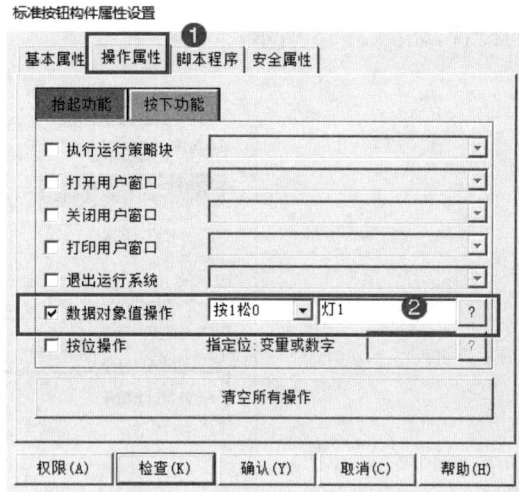

图 2-35 "点亮"按钮属性设置

左键双击"开灯"按钮,弹出"标准按钮构件属性设置"对话框,选择操作属性页,单击"抬起功能",勾选"数据对象值操作",点击"?"按钮,在弹出的"变量选择"对话框中选择"灯 2"数据对象,再在下拉框中选择为"置 1",单击"确认"按钮,完成"开灯"按钮的属性设置,如图 2-36 所示。

左键双击"熄灯"按钮,弹出"标准按钮构件属性设置"对话框,选择操作属性页,单击"抬起功能",勾选"数据对象值操作",点击"?"按钮,从弹出的"变量选择"对话框中选择"灯 2"数据对象,再在下拉框中选择为"清 0",单击"确认"按钮,完成"熄灯"按钮的属性设置,如图 2-37 所示。

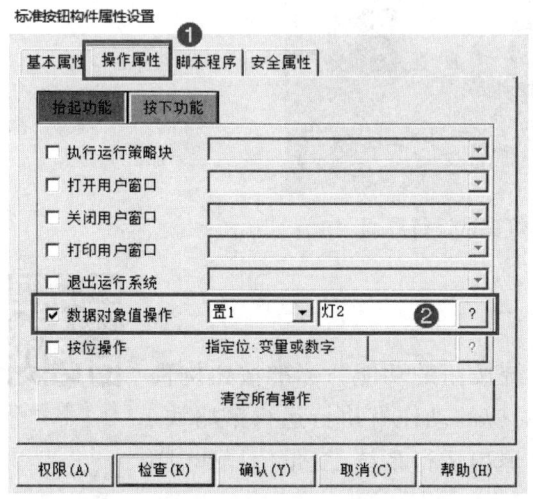

图 2-36 "开灯"按钮属性设置

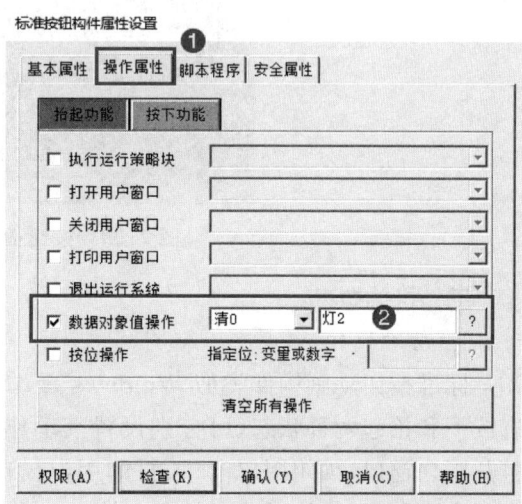

图 2-37 "熄灯"按钮属性设置

左键双击"闪烁"按钮,弹出"标准按钮构件属性设置"对话框,选择操作属性页,单击

"抬起功能",勾选"数据对象值操作",点击"?"按钮,从弹出的"变量选择"对话框中选择"灯3"数据对象,再在下拉框中选择为"按1松0",单击"确认"按钮,完成"闪烁"按钮属性的设置,如图2-38所示。

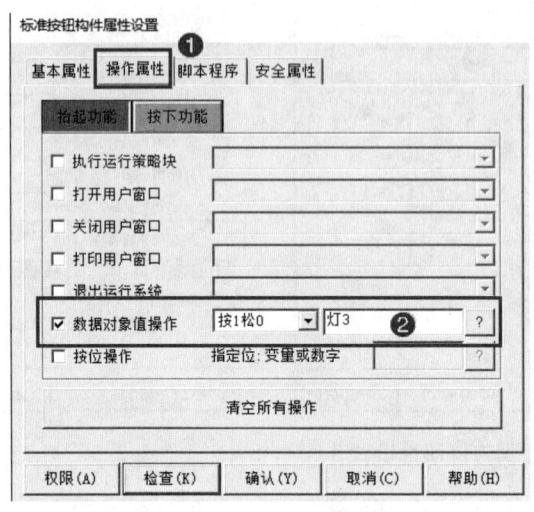

图 2-38 "闪烁"按钮属性设置

6. 调试运行

先保存工程文件,然后在菜单栏中选择"工具"和"模拟运行",弹出"下载配置"对话框,在对话框中,运行方式选择为"模拟",单击"工程下载"按钮,等工程下载完成后,再单击"启动运行",调试运行界面如图2-39所示。

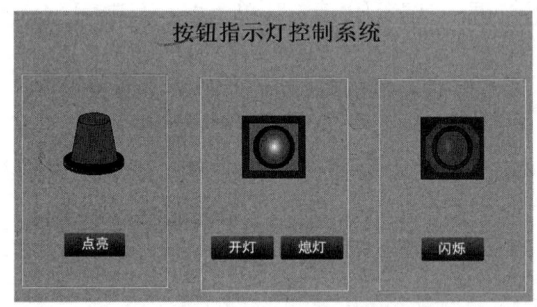

图 2-39 按钮指示灯调试运行界面

三、相关知识

1. 标准按钮

标准按钮动画构件类似 Windows 操作系统按钮的功能。标准按钮构件有按下和抬起两种状态,可分别设置其动作,对应的动作有执行运行策略块、打开用户窗口、关闭用户窗口、打印用户窗口、退出运行系统、变量值操作、脚本程序,所有动作均可通过抬起和按下触发。

标准按钮构件

组态时双击标准按钮构件,弹出构件的属性设置对话框。本构件包括基本属性、操作属性、脚本程序、安全属性共4个属性页。

1) 基本属性

标准按钮的基本属性如图 2-40 所示。

（1）按钮状态：分为抬起状态和按下状态。默认设置为抬起状态，当需要设置按下状态时，单击相应的按钮进行设置。

（2）文本：设定标准按钮构件上显示的文本内容。当选择抬起状态时，文本为工程运行时按钮抬起状态的文本；当选择按下状态时，文本为工程运行时按钮按下状态的文本。

（3）背景图片：用于设置按钮的背景图案。勾选"背景图"，按钮背景图设置有效；勾选"显示位图实际大小"，按背景图的实际大小显示。背景图支持的图片格式有 bmp、jpg、png、svg 和 ico 共 5 种。

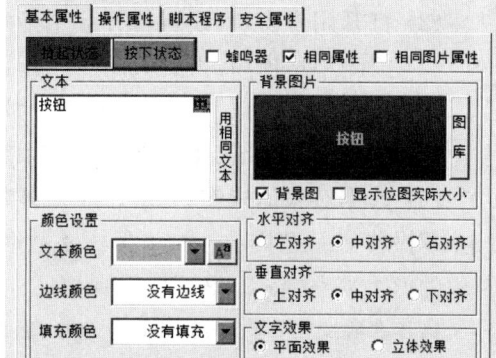

图 2-40　按钮基本属性

（4）文本颜色：设定标准按钮构件上显示文字的颜色和字体。

（5）填充颜色：设置标准按钮的背景色。

（6）边线颜色：设置标准按钮的边线色。

（7）水平对齐：设置标准按钮的文本和图形在水平方向的对齐方式，分为左对齐、中对齐和右对齐。

（8）垂直对齐：设置标准按钮的文本和图形在垂直方向的对齐方式，分为上对齐、中对齐和下对齐。

（9）文字效果：设置标准按钮的文本的显示方式，分为平面效果和立体效果。

（10）蜂鸣器：设置单击标准按钮时是否发出蜂鸣声。勾选"蜂鸣器"，单击按钮时发出蜂鸣声。

（11）相同属性：设置按钮的抬起和按下状态显示相同的属性，但是不包括背景图片的属性。

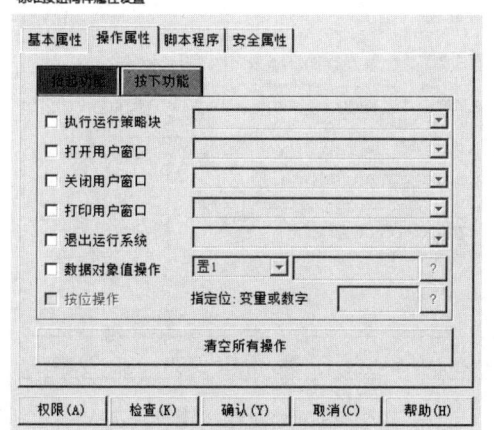

图 2-41　按钮操作属性

（12）相同图片属性：设置按钮的抬起和按下状态显示相同的背景图片属性。

2) 操作属性

用户可以分别设定抬起和按下两种状态下的功能，首先应选中将要设定的状态，然后勾选要设定的功能前的复选框。一个标准按钮构件的一种状态可以同时指定多种功能，运行时构件将逐一执行（执行顺序：数据对象值操作/按位操作、打开用户窗口、退出运行环境、打印用户窗口、执行运行策略块、关闭用户窗口），如图 2-41 所示。

（1）执行运行策略块：只能指定用户所建立

的用户策略,系统固有的3个策略块(启动策略块、循环策略块、退出策略块)及其他类型的策略不能被标准按钮构件调用。

(2) 打开用户窗口:设置打开一个指定的用户窗口。

(3) 关闭用户窗口:设置关闭一个指定的用户窗口。

(4) 打印用户窗口:指定一个打印的用户窗口。

(5) 退出运行系统:用于退出运行系统。

(6) 数据对象值操作:一般用于对开关型对象的值进行取反、清 0、置 1 等操作。"按 1 松 0"操作表示在构件上按下鼠标不放时,对应数据对象的值为"1",而松开时,对应数据对象的值为"0";"按 0 松 1"操作则相反。

注:标准按钮构件不支持退出运行程序、退出操作系统、重启操作系统、关机等操作。按钮的动作、脚本、事件的执行顺序有如下关系:MouseMove 事件、按下脚本、按下动作、按下事件、抬起事件、Click 事件、抬起脚本、抬起动作。

3) 脚本程序

用户可以在该属性内部窗口内分别编辑抬起、按下两种状态的脚本程序。运行时当完成一次按钮动作时,系统执行一次对应的脚本函数。用户可单击"清空所有脚本",快速清空两种状态下的程序。脚本程序页如图 2-42 所示。

4) 安全属性

安全属性页包括使能控制和安全控制。用户可以在使能控制中关联表达式,用以控制标准按钮构件有效与否,当标准按钮无效时,在指定区域的鼠标单击动作不会生效;若表达式为空,则使能控制不启用。安全控制中,长按生效表示按下按钮达到设定的时间之后才会执行动作,弹窗确认表示单击按钮之后会弹出确认是否执行的对话框,用户确认后,方可执行,若达到设定的等待时间之后未确认或取消,则不会执行按钮动作,如图 2-43 所示。

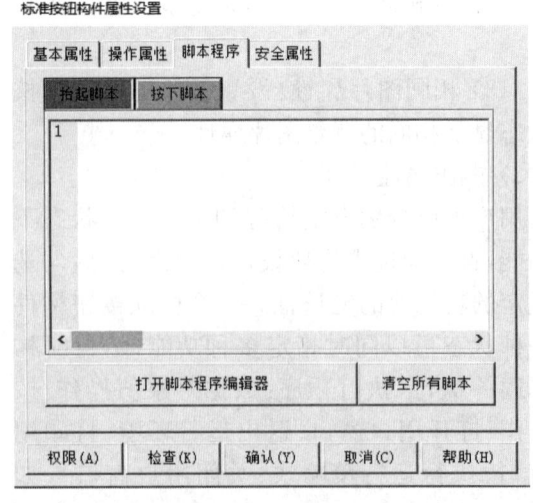

图 2-42 按钮脚本程序

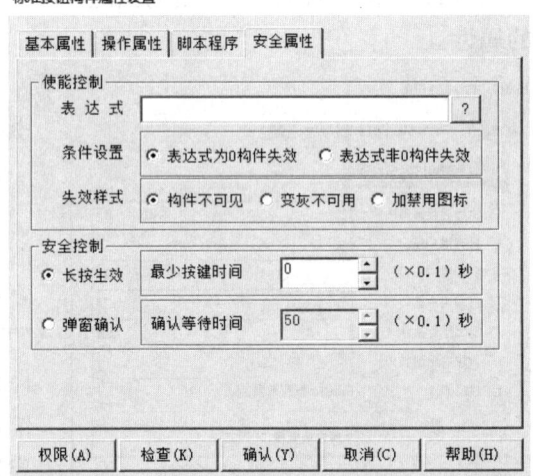

图 2-43 按钮安全属性

2. 用户窗口的基本属性

用户窗口是组成基于 Linux 系统的触摸屏图形界面的基本单位,所有的图形界面都是由一个或多个用户窗口组合而成的,它的显示和关闭由各种功能构件(比如动画构件、策略等)来控制。用户窗口相当于一个"容器",用来放置图元、图符和动画构件等各种图形对象,通过对图形对象的组态设置,建立与实时数据库的连接,来完成图形界面的设计工作。

用户窗口的基本属性

基本属性页包括窗口名称、窗口标题、窗口背景、公共窗口、保护密码、窗口内容注释,如图 2-44 所示。

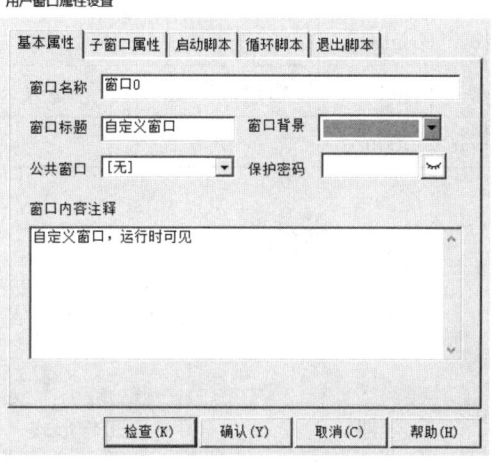

图 2-44 用户窗口基本属性

(1) 窗口名称:系统各个部分对用户窗口的操作是根据窗口名称进行的,因此,每个用户窗口的名称都是唯一的。在建立窗口时,系统赋予窗口的缺省名称为"窗口×"(×为区分窗口的数字代码)。

(2) 窗口标题:窗口标题设置对应用工程运行时的外观不产生任何影响。

(3) 窗口背景:用来设置窗口背景的颜色。

(4) 公共窗口:该选项中可以选择公共窗口,公共窗口是包含一组公共对象的用户窗口,可以被其他用户窗口引用,目的是降低组态工作量和减少工程文件大小。操作公共窗口构件的属性、方法脚本可以被执行;操作公共窗口的属性、方法脚本不会被执行。

(5) 保护密码:用于设置窗口的保护密码。设置密码后,打开该窗口或窗口属性设置时,必须输入正确的密码。使用"眼睛"按钮,可实现查看和保密输入密码的切换。设置结束后,在工作台用户窗口可看到该窗口右下角显示一把锁的标识。当需要取消窗口保护密码时,进入用户窗口属性设置界面,清除设置的密码即可。

(6) 窗口内容注释:起说明和备忘的作用,对应用工程运行时的外观不产生任何影响。

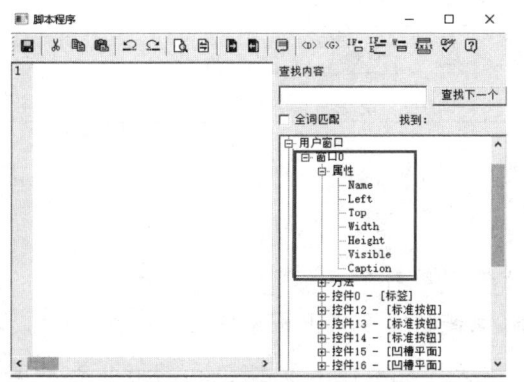

图 2-45 用户窗口属性

3. 窗口属性脚本调用

窗口属性脚本调用

为了在工程的运行过程中能够方便灵活地改变用户窗口的属性和状态,设置了用户窗口的属性,以备用户在实际组态过程中设置使用,如图 2-45 所示。这样在脚本程序中使用操作符".",可以在脚本程序或使用表达式的地方调用用户窗口对象相应的属性。例如,"用户窗口.窗口 0.Name"可以取得窗口 0 的名字。

在脚本程序中调用用户窗口的属性说明,见表 2-1。

表 2-1　窗口属性说明

属性名	含义	属性类型	使用方法
Name	窗口名	字符串	数据对象＝控件 67.Name,读取窗口名
Left	—	—	在 Linux 系统中,无效
Top	—	—	在 Linux 系统中,无效
Width	—	—	在 Linux 系统中,无效
Height	—	—	在 Linux 系统中,无效
Visible	窗口可见度	整数	窗口 0.Visible＝1,窗口可见
Caption	—	—	在 Linux 系统中,无效

 项目评价

按表 2-2 进行本项目的评价与总结。

表 2-2　项目评价表

学期	工作形式		他人评分		实际完成时间	
	□个人　□小组分工　□小组		□是　□不是			
评分内容	评分标准		分数	学生评分	教师评分	得分
样例演示	样例正确演示		30 分			
指示灯界面制作	不少于界面构件 20 分,有创新 10 分		30 分			
数据对象	数据对象创建		10 分			
动画创建	指示灯动画		20 分			
总体调试	系统运行正确、界面美观		10 分			
考核时间 30 分钟	每超时 10 分钟扣 5 分					
总分			学生签名:			
			教师签名:			
			日期:			

 思政园地

"祖国和人民的需要就是我们的科研目标"
——访哈尔滨工业大学自动控制、系统仿真专家王子才院士

初冬的一个上午,记者来到哈尔滨工业大学航天学院采访王子才院士,约好 9 点半正式开始,记者特意提前早到半小时,没想到,院士到得更早。此前考虑到他已 88 岁高龄,

提议去家里采访,但他的秘书李伟说"只要不出差,王院士每天都来办公室"。

"我是一个工人家的孩子,从读书到工作,如果说取得了一些成绩的话,要感谢党和国家多年的培养。只要身体条件还允许,我就希望能为学校、国家多做点事。"精神矍铄、亲切和蔼的王子才娓娓道出他的心里话。

1951年,王子才考入哈尔滨工业大学,成为自动控制专业的学生。从毕业留校任教到进行科研攻关,数十年来,王子才院士在系统仿真、现代控制理论及其应用等领域成果斐然。在控制理论研究领域,他研究开创了一系列新的方向。由他一手创建的哈尔滨工业大学仿真技术研究中心为我国的国防事业提供了强有力的技术支持。2001年,凭借在飞行仿真转台、复杂大系统仿真技术、现代控制理论与应用三方面的突出贡献,王子才当选中国工程院院士。

"系统仿真最初主要应用于航空、航天、原子能等系统。由于这类系统结构复杂,成本极其昂贵,且安全性要求高,因此很有必要应用仿真技术来验证并确保设计的合理性和安全性。"王子才介绍。我们熟知的美国阿波罗登月计划,就成功地应用了系统仿真手段。整个仿真系统包括混合计算机、运动仿真器、月球仿真器、驾驶舱、视景系统及许多配套设施,而且该系统的仿真实验和工程实现几乎是同时进行的,这就使工程的安全性和稳定性得到了极大的保障。登月计划的一次性成功,仿真技术功不可没。

20世纪90年代,相对世界先进水平,中国的仿真技术特别是航天仿真技术发展还比较落后,缺乏高端的仿真设备。其中,高性能仿真转台的研制是一项亟待突破的技术难题。"凡是飞行器用到的高端仿真转台,国外禁运,对我国进行技术封锁,这个设备在我们国家从研究飞行器开始,一直是制约发展的瓶颈。"针对国家"卡脖子"技术问题,王子才毅然投入到相关技术研究中。"关键核心技术是要不来,买不来的,从'两弹一星'到现在,我们都是靠着自己的力量,一点点自主创新、自力更生走到今天。"

1993年,王子才带领团队成功研制出中国第一台高性能电动仿真测试转台,为中国国防事业提供了强有力的技术支撑。"每一项技术研发都会碰到很多困难,我们也一样,必须依靠团队协同攻关,他们每一个人都付出了大量心血,我只是其中一员。"当问及他在科研攻关中的付出及个中艰辛时,王子才淡然回答,简单带过。

服务国家战略和重大工程需要,30多年来,在王子才的带领下,哈尔滨工业大学控制与仿真中心创造了多项第一:中国第一个高性能三轴电动转台、中国第一个水下转台、中国第一个六自由度转台、中国第一个用在交会对接的九自由度转台……

"如今,哈工大控制与仿真中心已得到业界的广泛认可,向国家输送了大批系统仿真和自动控制方向的人才。我一直关注中心的发展,这也是推动我一直工作的动力。"谈及此,王子才既自豪又欣慰。

"众多科研项目中,最难忘的是为天宫一号和神舟八号飞船在太空首次对接进行技术可靠性验证和风险评估。任务可谓光荣而艰巨,当时承受了巨大的压力。"王子才坦言,"两个高速运行的飞行器对接,控制稍有偏差就可能'擦肩而过'。"

历经几年科研攻关,王子才率领的科研团队突破了机械结构设计、驱动与控制、测量与标定、高速实时通信等多项关键技术,研制出九自由度运动模拟系统,这套用于模拟交会过程的地面仿真设备,验证了交会对接的精准定位。

为确保交会对接万无一失,在发射升空前,总装备部成立了交会对接地面实验评估专家组,以评估交会对接的技术可靠性和风险,王子才任专家组组长。专家组建立了科学的评估方法,依据多年仿真实验的真实数据,进行了客观的评估。评估结果给出了地面仿真的可信度,以及交会对接的风险。

2011年11月3日1时43分,中国自行研制的神舟八号飞船与天宫一号目标飞行器在距地球343公里的轨道牵手成功,创造了举世瞩目的中国奇迹,为我国建设空间站奠定了关键技术基础。

半个世纪的教学科研生涯,王子才不仅收获了一项项科研殊荣,更育才无数。"我对人才的体会是人第一、才第二,团队选用的都是人品好,能够踏踏实实、全心全意做事的人。"谈及选人用人,他有自己的体会,"真正的科学家,在自己的发展历程中,追求个人东西相对来说要少一些,我们现在培养人,要特别注意培养青年人的奉献精神。"

"合抱之木,生于毫末;九层之台,起于累土。"结合自己数十年科研生涯带来的深刻感触,王子才这样勉励青年科研工作者:"坚守科研方向,脚踏实地,不浮躁、不急功近利;结合国家重大需要,解决国家技术难题。只有把个人的发展融入科技强国的伟大事业之中,才能更好地实现自己的价值。祖国和人民的需要就是我们的科研目标。"

(来源:《光明日报》,2020年12月10日01版)

练习与思考

1. McgsPro 嵌入版组态软件的窗口工具箱如何使用?
2. McgsPro 嵌入版组态软件中如何定义数据对象?
3. McgsPro 嵌入版组态软件中的数据对象有哪几种类型?
4. McgsPro 嵌入版组态软件主控窗口的作用是什么?

项目 3

电机正反转速度控制

学习目标

1. 知识目标

（1）了解构建 McgsPro 嵌入版组态软件组态应用系统的一般流程；
（2）掌握实时数据库、数据对象、数据对象类型的概念；
（3）了解 McgsPro 嵌入版组态软件中动画效果的实现原理；
（4）了解表达式的概念。

2. 能力目标

（1）学会图元颜色的填充与可见度控制；
（2）学会随时检查操作；
（3）能进行 McgsPro 嵌入版组态软件模拟运行环境与 TIA 博途仿真软件之间的通信连接。

3. 素质目标

（1）激发浓厚的学习兴趣，培养严谨的学习态度；
（2）培养良好的职业道德；
（3）培养学生的独立工作能力和自学能力；
（4）提高团队合作能力与沟通能力；
（5）了解我国电机的发展历史，培养攻坚克难的开拓精神。

项目描述

随着现代科学技术的不断发展，电机在生产制造领域中的重要作用越来越显著。电机的运动能带动基本所有机械的运动，如输送机、锅炉、风机、水泵等，这些都是不可或缺的生产制造设备。此外，电机也是现代交通工具的重要动力来源，汽车、列车、飞机等都需要电机来提供机动能力。总之，电机在现代生产生活中的应用不可忽视，不仅促进了社会进步和发展,也方便了人们的日常生活。

电机正反转速度控制是最常用和最典型的控制。本项目中,为了监控电机的速度,现需要设计一套电动机的正、反转速度监控系统,以便直观地显示电动机当前的运行状态。控制要求如下:设定电机的正反转速度,当单击"正转"按钮时,电机以设定的速度正转,触摸屏上显示当前电机的旋转速度,正转指示灯亮;当单击"反转"按钮时,电机以设定的速度反转,触摸屏上显示当前电机的旋转速度,反转指示灯亮。

 项目实施

任务 3.1 简单动画组态设计

一、任务要求

电机正反转的复杂动作都是由简单动作组合而成。为实现电机正反转监控系统的功能,应先设计一个简单的动画组态。如图 3-1 所示。控制要求如下:

(1)"简单动画组态"标题闪烁。
(2)"水平移动演示"文字可以水平移动。
(3)"立方体"可以垂直移动。
(4)按钮控制风扇的旋转。
(5)棒图动态变化。

简单动画组态模拟演示

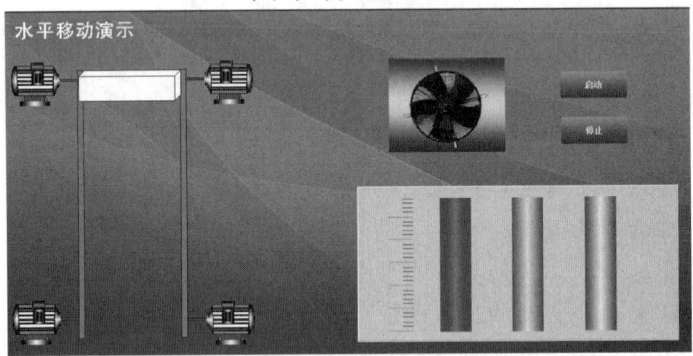

图 3-1 简单动画组态

二、任务实施

1. 创建工程

左键双击 McgsPro 嵌入版组态软件组态环境的桌面快捷图标,进入 McgsPro 嵌入版组态软件的组态环境。单击工具栏上的"新建"按钮,弹出工程设置对话框,在 HMI 配置栏内选择"TPC1021Nt(1024×600)",其他组态配置为默认,单击"确定"按钮,系统自动创建一个名为"新建工程 0.MCP"的新工程。选择"文件"菜单中的"工程另存为"命令,弹出文件保存对话框,在"文件名"一栏内,输入"简单动画组态",单击"保存"按钮,工程创建完毕。

2. 设置窗口背景

双击窗口进入组态画面,从工件箱中选择添加一个"位图"构件,右键单击该位图,从弹出的快捷菜单中选择"装载位图",选择一个事先准备好的位图,装载后选中该位图,在窗口右下方状态栏设置位图的坐标为(0,0),大小为 1024×600,单位为像素,如图 3-2 所示。

图 3-2 位图坐标及大小设置

位图设置完成后,为防止背景图片被修改,可单击菜单栏上的"排列",选择"固化",锁定背景图,如图 3-3 所示。

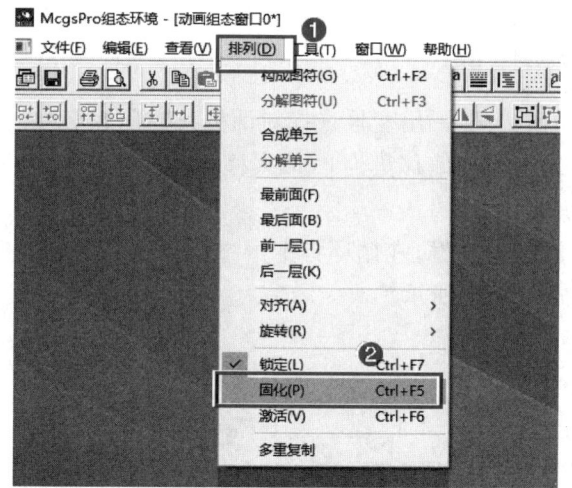

图 3-3 背景图固化

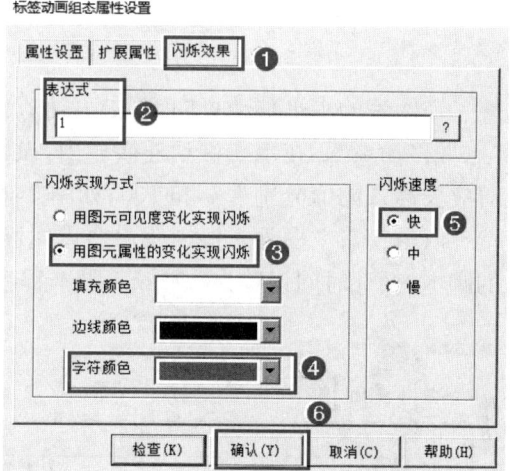

图 3-4 标签闪烁效果设置

3. 设置标题闪烁动画

设置标题闪烁动画可以使用标签构件来实现。标签除了可以显示数据外,还可以用作文本显示,如显示一段公司介绍、注释信息、标题等。标签的属性对话框还可以用来设置动画效果。标签可谓是用处最多的构件之一。

单击工具箱内的"标签"构件,鼠标的光标呈"十"字形,在窗口中绘制出大小合适的矩形框;双击进入"标签动画组态属性设置"对话框,在属性设置页,设置填充颜色为"白色",字符颜色为"红色",字体设置为"宋体、粗体、小初",在特殊动画连接栏内选中"闪烁效果"。在扩展属性页,文本内容输入"简单动画组态"。在闪烁效果页,闪烁效果表达式填写"1",表示条件永远成立。在闪烁实现方式栏内选择"用图元属性的变化实现闪烁",字符颜色下拉框中选择"粉色",闪烁速度选择为"快",如图 3-4 所示。

4. 设置水平移动动画

"水平移动演示"动画可以用标签构件来实现,需要添加标签构件的"水平移动属性"。单击工具箱内的"标签"构件,鼠标的光标呈"十"字形,在窗口中绘制出大小合适的矩形框;双击进入"标签动画组态属性设置"对话框,在属性设置页,设置填充颜色为"没有填充",边线颜色为"没有边线",字符颜色为"红色",字体设置为"宋体、粗体、小二",在位置动画连接栏内勾选"水平移动"。在扩展属性页,文本内容输入"水平移动演示"。

在实时数据库里创建一个整数型"水平移动量"的数据对象,如图 3-5 所示。

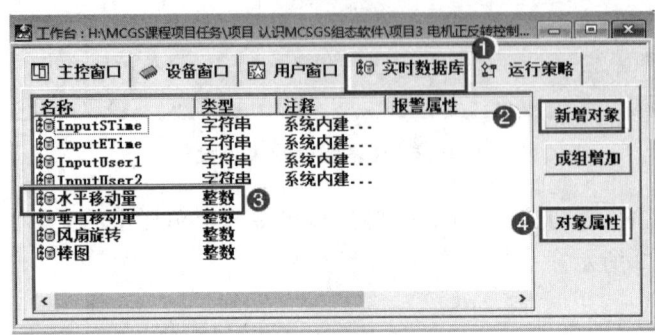

图 3-5 数据对象创建

在标签的水平移动页内,单击表达式栏内的"?",弹出变量选择对话框,选择数据对象"水平移动量"。在水平移动连接栏内,设置最小移动偏移量为 0,最大移动偏移量为 900,对应表达式的值分别为 0 和 100,如图 3-6 所示。

双击窗口空白处,进入"用户窗口属性设置"对话框,在循环脚本页添加标签水平移动的脚本,循环时间设置为 200 ms,脚本程序如图 3-7 所示。

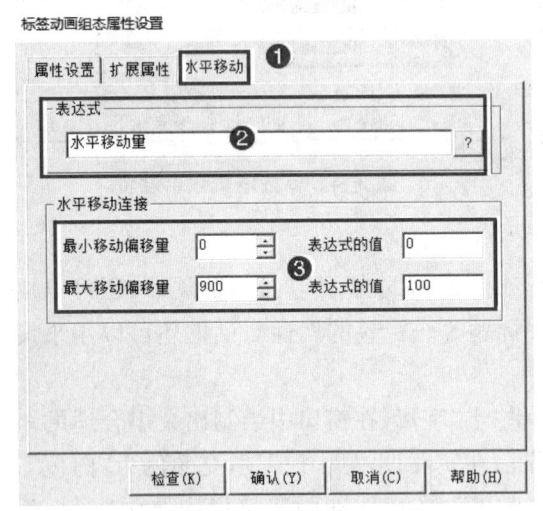

图 3-6 水平移动效果设置

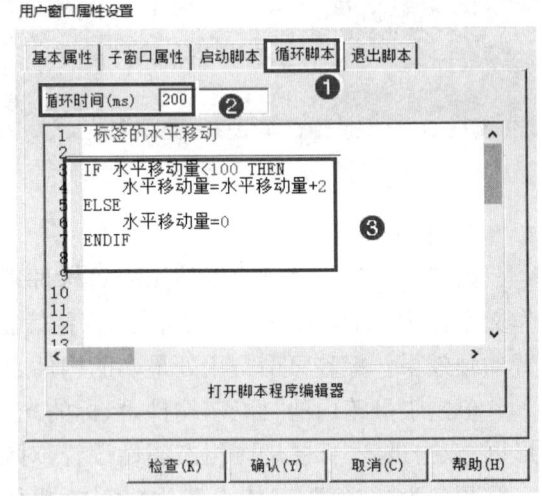

图 3-7 水平移动脚本设置

5. 设置垂直移动动画

如图 3-8 所示为垂直移动组态画面。使用"立方体"来表现垂直移动,因此,设置"立方体"的"垂直移动"属性即可。

(1) 电机:在工具箱中,选中"插入元件",在元件库管理中,选择"公共图库",单击"马达",再添加"马达 15"和"马达 16"到窗口,设置其大小为 100×68,再复制 1 组马达摆放到合适位置。

（2）红色矩形：在工具箱中，添加"矩形"，设置大小为10×399，双击进入"动画组态属性设置"对话框，在属性设置页，设置填充颜色为"红色"，边线为黑色。再复制一个矩形，摆放到合适位置。

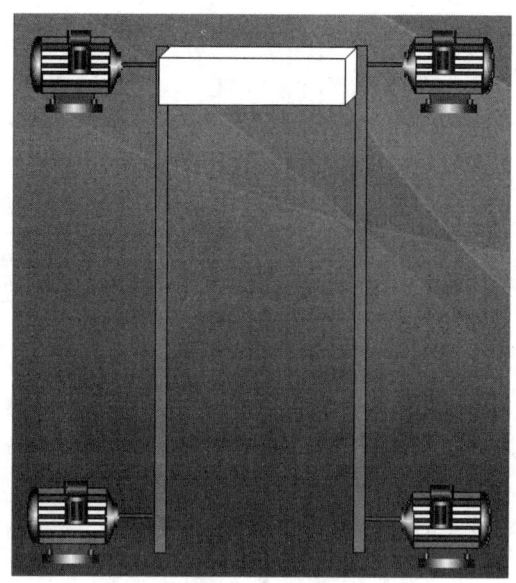

图3-8 垂直移动组态画面

在实时数据库里创建一个整数型"垂直移动量"的数据对象，如图3-9所示。

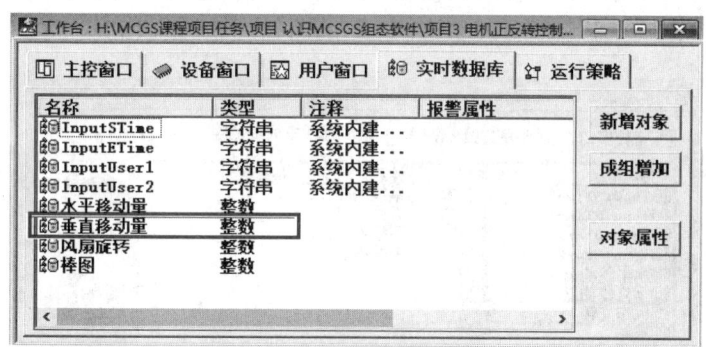

图3-9 数据对象创建

（3）立方体：选中工具箱中的"常用符号"，打开常用图符工具箱，选择"立方体"，添加到窗口，调整到合适位置。左键双击进入其"动画组态属性设置"对话框，设置填充颜色为"白色"，选中"垂直移动"。在垂直移动页，左键单击表达式栏内的"?"，弹出变量选择对话框，选择数据对象"垂直移动量"。在垂直移动连接栏内，设置最小偏移量为0，最大偏移量为360，对应的表达式的值分别为0和100，如图3-10所示。

左键双击窗口空白处，进入"用户窗口属性设置"对话框，在循环脚本页添加标签水平移动的脚本，循环时间设置为200 ms，脚本程序如图3-11所示。

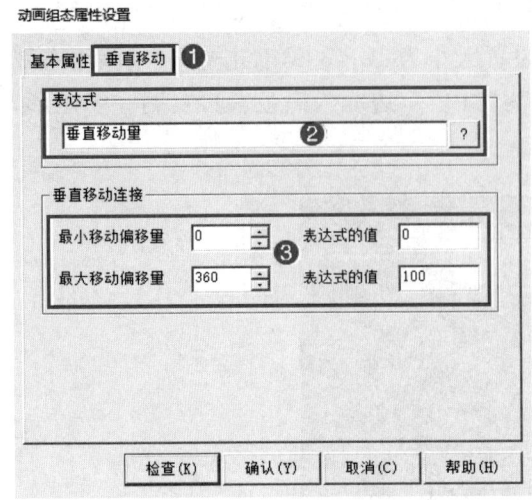
图 3-10 垂直移动属性设置

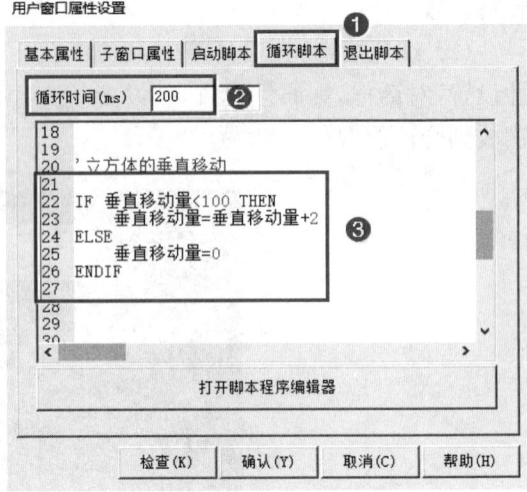
图 3-11 垂直移动脚本设置

注:偏移量是以组态时图形对象所在的位置为基准(初始位置),单位为像素点,向左为负方向,向右为正方向(对于垂直移动,向下为正方向,向上为负方向)。表达式和偏移量之间的关系:以图 3-10 中的组态设置为例,当表达式"垂直移动量"的值为 0 时,图形对象的位置向下移动 0 个像素(即不动);当表达式"垂直移动量"的值为 100 时,图形对象的位置向下移动 360 个像素。

6. 设置旋转动画

风扇的旋转效果可以用动画显示构件来实现。动画显示构件可以添加分段点,每个分段点可以添加图片,多个分段点可以添加多个图片。多个不同状态图片的交替显示就可以实现旋转效果。风扇的旋转效果就是用两个不同状态的图片交替显示实现的。

在实时数据库里创建一个整数型"风扇旋转"的数据对象,如图 3-12 所示。

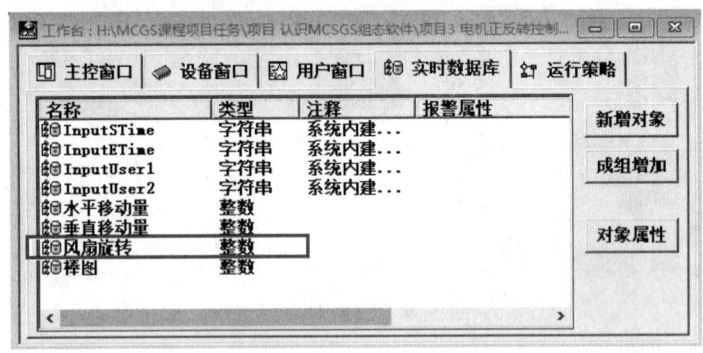
图 3-12 创建数据对象

(1) 风扇:在工具箱中,选中"动画显示"构件,鼠标的光标呈"十"字形,在窗口中绘制出大小合适的矩形框;双击进入"动画显示构件属性设置"对话框,选择分段点"0",单击"图库"按钮加载图像,弹出"对象元件库管理"对话框。单击"装入",添加事先准备好的风扇图片。图片装载成功之后,选中刚添加的风扇位图,单击"确认"保存。分段点"0"成功插入位图,删除文本列表,设置图像大小为"充满按钮",选择背景类型为"细框按钮",如图 3-13 所示。采用同样的方法设置分段点"1",插入另一张风扇位图。

在显示属性页,选择显示变量类型为"数值显示",单击表达式栏内的"?",弹出变量选择对话框,选择数据对象"风扇旋转"。动画切换方式选择"变量非0时自动切换",切换速度为"快",如图 3-14 所示。

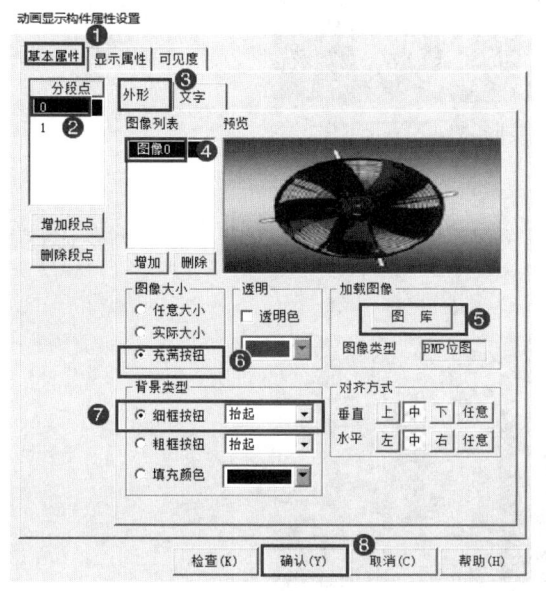

图 3-13　动画显示构件属性设置

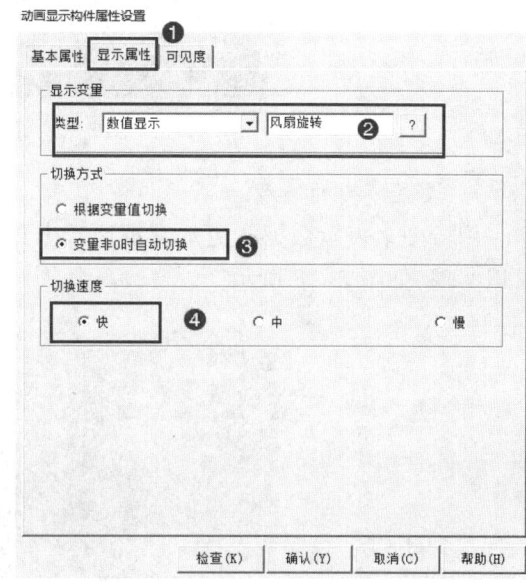

图 3-14　旋转效果设置

（2）按钮控制:添加 2 个"标准按钮",设置按钮标题分别为"启动"和"停止"。左键双击进入"启动"按钮的属性设置对话框。在操作属性页,设置"抬起功能":数据对象值操作"置 1",定义数值型变量"风扇旋转",如图 3-15 所示。

左键双击进入"停止"按钮的属性设置对话框。在操作属性页,设置"抬起功能":数据对象值操作"清 0",关联变量"风扇旋转",如图 3-16 所示。风扇动画界面如图 3-17 所示。

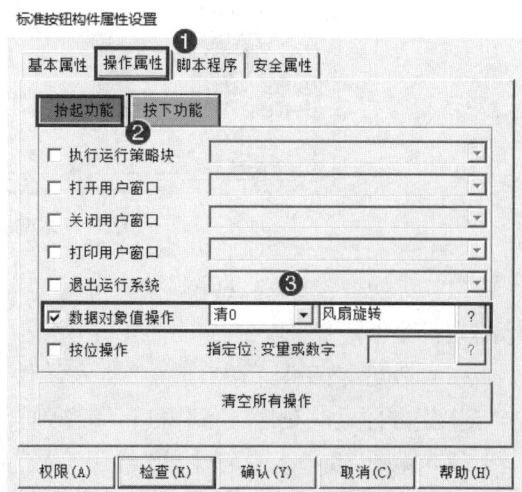

图 3-15　启动按钮设置　　　　　　　　图 3-16　停止按钮设置

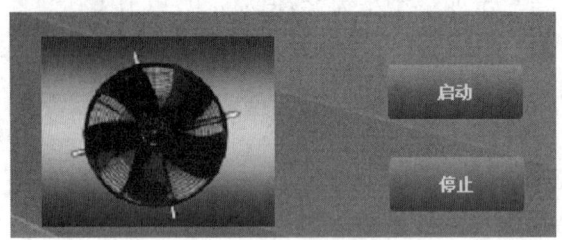

图 3-17　风扇动画界面

7. 设置棒图的缩放

用棒图来表示数据能更加直观地看出数据的变化。数据增减用棒图的"大小变化"就可以实现,如图 3-18 所示。

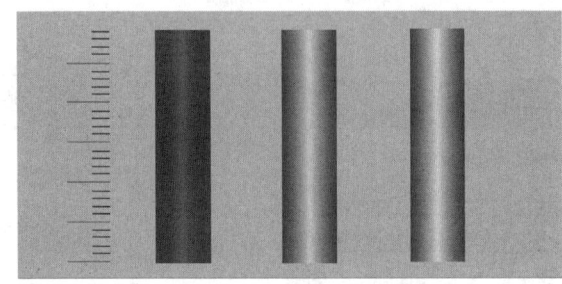

图 3-18　棒图动画界面

在实时数据库里创建一个整数型"棒图"的数据对象,如图 3-19 所示。

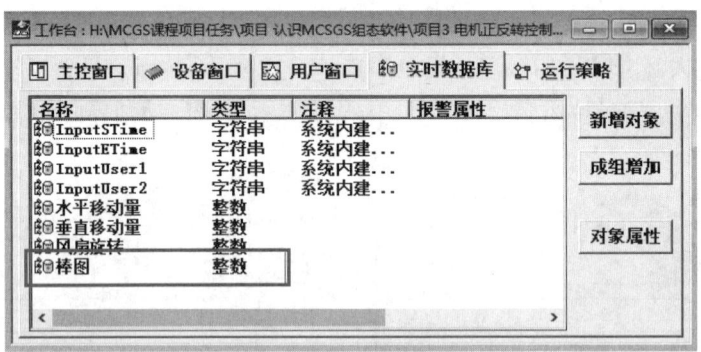

图 3-19　建棒图数据对象

(1) 背景框:选中工具箱中的"常用符号",打开常用图符工具箱,选择"凹槽平面",鼠标的光标呈"十"字形,在窗口中绘制出大小合适的矩形框。

(2) 刻度:在工具箱中,选中"插入元件",在元件库管理中,选择"公共图库",左键单击"刻度",再添加"刻度 4"到窗口,调整到合适大小。

(3) 棒图:选中工具箱中的"常用符号",打开常用图符工具箱,选择"竖管道",鼠标的光标呈"十"字形,在窗口中绘制出大小合适的矩形框;左键双击进入"动画组态属性设置"对话框。在基本属性页,设置填充颜色为"红色",勾选位置动画连接栏内"大小变化",如

图 3-20 所示。在大小变化页,点击表达式栏内的"?"按钮,弹出变量选择对话框,选择"棒图"数据对象。在大小变化连接栏内,设置最小变化百分比为 0,最大变化百分比为 100,对应的表达式的值分别为 0 和 100。单击"变化方向"右侧图标按钮,选择大小变化方向为单向向上变化,变化方式为缩放,如图 3-21 所示。复制出另外两个棒图,分别设置填充颜色为"绿色"和"浅蓝色"。在大小变化页,设置"最大变化百分比"分别为 80 和 60,其他设置同第一个棒图。

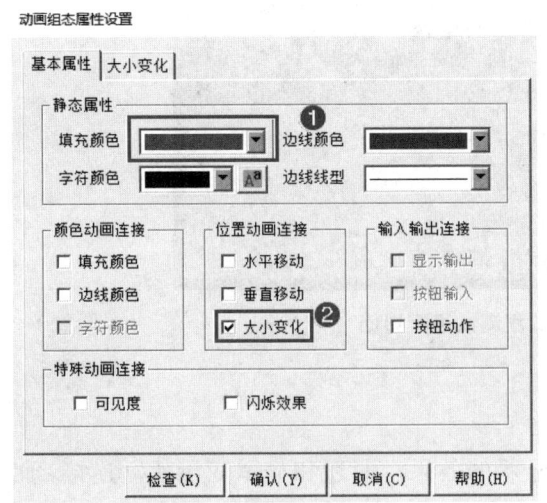

图 3-20 棒图填充色设置　　图 3-21 棒图大小变化设置

注:当表达式的值大于等于 100 时,最大变化百分比设为 100%,则图形对象的大小与初始大小相同。不管表达式的值如何变化,图形对象的大小都在最小变化百分比与最大变化百分比之间变化。

左键双击窗口空白处,进入"用户窗口属性设置"对话框,在循环脚本页添加棒图变化的脚本,循环时间设置为 200 ms,脚本程序如图 3-22 所示。

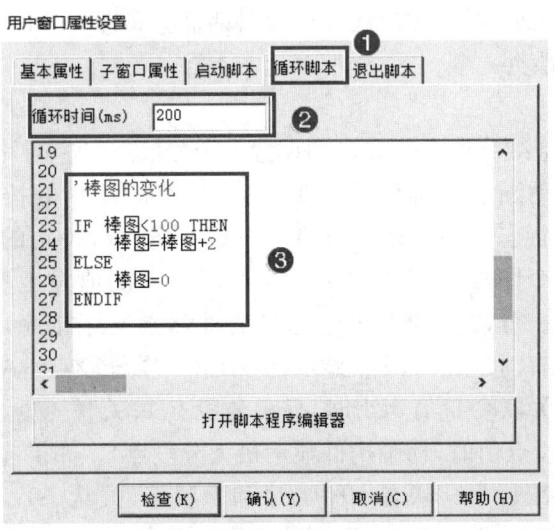

图 3-22 棒图脚本设置

8. 调试运行

先保存组态文件,在菜单栏中选择"工具"和"模拟运行",弹出"下载配置"对话框,在对话框中,运行方式选择为模拟,单击"工程下载"按钮,待工程下载完成后,再单击"启动运行",调试运行界面如图 3-23 所示。

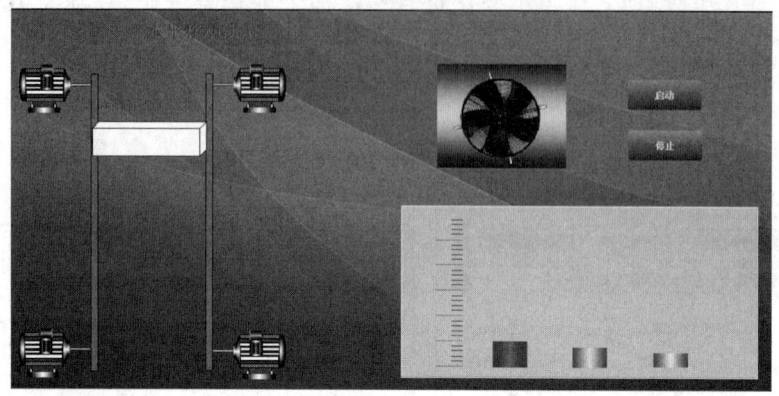

图 3-23　简单动画工程调试运行界面

三、相关知识学习

1. 动画显示构件

动画显示构件用于实现多态显示和动画显示的效果。通过和显示变量建立连接,动画显示构件用显示变量的值驱动切换显示多幅图像、文字。在多态显示方式下,构件用显示变量的值来寻找分段点,显示分段点对应的图像文字。在动画显示方式下,当显示变量的值非 0 时,构件按指定的频率,进行图像和文字切换。多幅图像和文字的动态切换显示就实现了特定动画效果。

动画显示有可见和不可见状态。当指定的表达式为满足一定条件时,动画显示构件将呈现可见状态,或者呈现不可见状态。

组态时双击动画显示构件,弹出属性设置对话框。属性对话框有基本属性、显示属性和可见度属性 3 个属性页。

1) 基本属性

该属性主要用于增减分段点的数量和设置每个分段点对应的外观特征。

一个段点对应于动画显示构件的一种状态,运行时用户的按钮动作根据显示变量值在多种状态之间切换同时可以设置变量执行一定的操作。每个分段点可以对应多个图像和多个文字。当显示变量的值发生变化时,构件会显示相应的状态。分段点的大小组态时会被强制升序排序,运行时显示变量的所有值均会有对应的分段点显示,大于上一个分段点,小于等于下一个分段点(如分段点为 1、2、3,关联变量值为 1 时,显示分段点 1;关联变量为 1.2 时,显示分段点 2;关联值大于最大分段点值时,动画构件显示最大分段点)。如果连接的变量是开关量的位,则构件只有 2 种状态,非 0 状态(开状态)和 0 状态(关状态)。此时分段点只能有 2 个。在分段点选择不同的段点可显示不同的图像和文字。

动画显示构件属性演示

(1) 增加段点:点击此按钮,增加一个分段点。用鼠标点击段点的值,可以激活段点,进入编辑状态,修改或输入新的段点值,按回车键,接受新的段点值。段点值可为小数、正数、负数。修改分段点值后系统将强制对分段点进行升序排序。一个构件最多允许 50 个分段点。组态工程时需要注意。

(2) 删除段点:点击此按钮,删除分段点列表中所选定的段点,同时与该段点对应的图像、文字也被删掉。一个构件至少有一个分段点。

分段点的"外形"选项页,如图 3-24 所示。

(1) 图像列表:一个分段点默认只对应一个图像,但可以通过 2 种方式添加多个图像。一种是通过单击"图像列表"下面的增加按钮,一种是鼠标右键点击图像列表的空白区域,在弹出的快捷菜单中选择"插入",图像列表允许的最大图像数为 15 个,双击图像名可以激活图像名,进入编辑状态,修改或者输入新的图像名,或按回车键,接受新的图像名。同时,通过鼠标拖动的方式改变图像的顺序可以实现图像在构件区域的显示层次,默认图像列表的第一个图像显示在最上层。通过单击"删除"按钮,或者右击图像列表空白区域,在弹出的快捷菜单中选择"删除",可以删除图像。

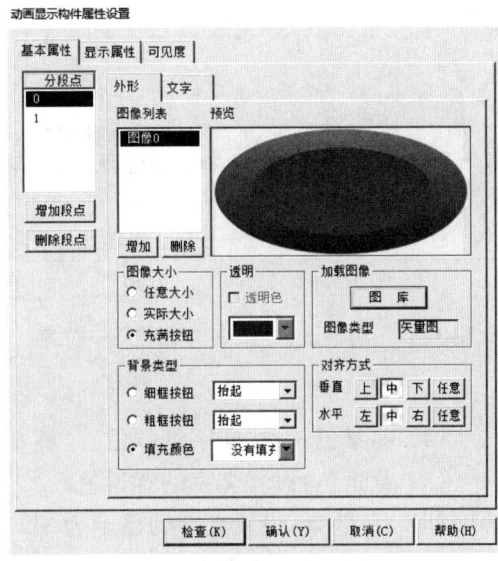

图 3-24 动画显示构件基本属性——外形

(2) 预览:预览查看图像效果。

(3) 图像大小:包括"任意大小""实际大小""充满按钮"三个按钮。选择"任意大小",可以随意地改变图像的大小;选择"实际大小",图像以实际大小显示;选择"充满按钮",图像充满整个按钮;选择"任意大小""实际大小"项,在组态时可以改变图像大小;选择"充满按钮"项,无法改变图像大小,只能通过改变构件区域大小来改变图像大小。

(4) 透明:勾选此项后可以选择"透明色",使位图上的相应颜色透明。此选项只对 BMP 类型的位图有效。

(5) 加载图像:单击"图库"按钮以加载图像。加载成功后,可以在"效果预览处"观察图像的效果。

(6) 背景类型:此项用于设置构件背景类型,包括"细框按钮""粗框按钮""填充颜色"。其中"细框按钮""粗框按钮"包括"抬起"和"按下"2 种状态。

(7) 对齐方式:此项用于设置图像的对齐方式。它分为垂直对齐和水平对齐,水平对齐包括左对齐、中对齐、右对齐、任意对齐;垂直对齐包括上对齐、中对齐、下对齐、任意对齐。

分段点的"文字"选项页如图 3-25 所示。

(1) 文本列表:一个段点默认只对应一个文本,但是可以通过多种方式添加多个文本。一种是单击文本列表下方的"增加"按钮;一种是右键点击文本列表的空白区域,在弹出的快捷菜单中选择"插入"。这 2 种方式都可以将一个默认的文本添加到文本列表,文

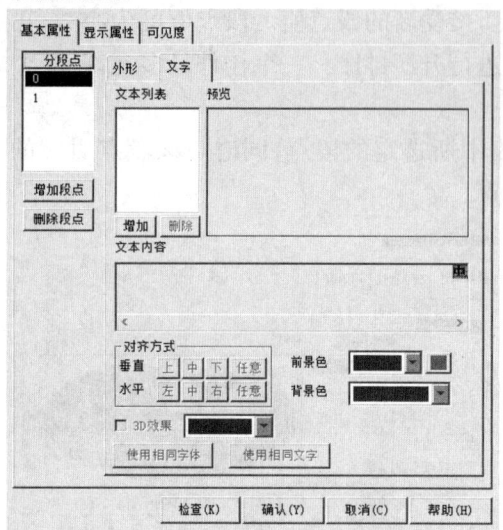

本列表中最多支持添加15个文本。双击文本名，可以激活文本名，进入编辑状态，修改或者输入新的文本名，按"Enter"键，接受新的文本名。同时，可以改变文本的顺序、显示层次，默认文本列表的第一个文本显示在最上层。单击"删除"按钮或者右键单击文本列表空白区域，在弹出的快捷菜单中选择"删除"，可以删除当前选中文本。

（2）文本内容：此项可以对段点对应的文本列表中的文本进行编辑，动画显示文本支持多语言。

（3）对齐方式：此项用于设置文本在构件中的对齐方式，有垂直对齐和水平对齐2种方式。垂直对齐包括上对齐、中对齐、下对齐、任意对齐；水平对齐包括左对齐、中对齐、右对齐和任意对齐。

图 3-25　动画显示构件基本属性——文字

（4）前景色：设置文字的颜色。
（5）背景色：设置文字的背景色。
（6）3D效果：设置文字的显示为3D立体效果。
（7）字体：设置文本字体的类型、字形、大小。
① 使用相同字体：点此按钮，所有文本字体都变为在文本列表中选中的文本的字体。
② 使用相同文字：点此按钮，所有文本内容都变为在文本列表中选中的文本内容，多语言同时设置，设置的文本格式效果不受影响。

2）显示属性

显示属性用于控制动画显示的动画切换设置，如图3-26所示。

（1）显示变量：动画显示构件通过关联显示变量实现图像的切换显示。显示变量的类型包括：浮点数、整数、整数的位。当显示变量为整数的位时，分段点只能有2个。位的范围只能为0~31。

（2）切换方式：可用2种不同的方法来实现动画显示效果，一种是根据变量值切换，当表达式的值发生变化时，构件用表达式的值来找寻找对应的分段点，如找不到对应的分段点，则构件分段点不会变化；另一种是构件根据变量是否非0时，按设定的频率，循环显示分段点的图像和文字。当变量的值为非0时，开始切

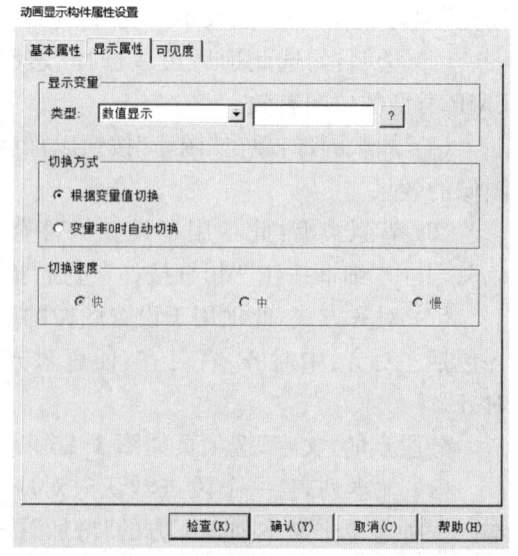

图 3-26　动画显示构件显示属性

换显示;当变量的值为0时,停止切换显示。

(3) 切换速度:当自动循环显示各分段点的变量时,设定切换图像的频率。

3) 可见度

可见度属性用于控制动画显示是否可见,如图 3-27 所示。

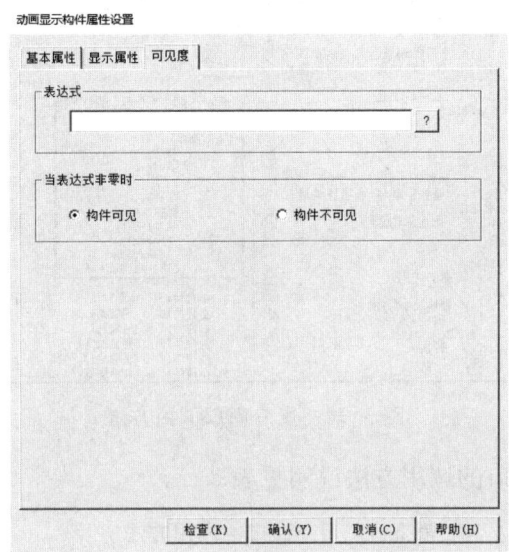

图 3-27 动画显示可见度

(1) 表达式:本项中输入一个表达式,决定动画显示构件是否可见。或通过单击"?",从显示的表达式列表中选取。不设置任何表达式时,构件在运行过程中始终处于可见状态。

(2) 当表达式非零时:该项指定表达式的值和构件可见度之间的关系。

2. 位图

位图构件主要用于装载一个图片,更形象地表达各种应用场景,目前只支持 jpg、bmp、png、svg、ico 格式,属于图元对象,可以和其他图元对象构成图符。

左键双击位图构件,弹出"动画组态属性设置"对话框,如图 3-28 所示。

位图构件支持"静态属性"中的"填充颜色""边线颜色""字符颜色""边线线型"功能;支持"位置动画连接"中的"水平移动""垂直移动""大小变化"功能;支持"输入输出连接"中的"按钮动作"功能;支持"特殊动画连接"中的"可见度""闪烁效果"功能,其动画连接属性的具体使用方法与标签构件用法基本一致。

3. 用户窗口调用方法

为了在工程的运行过程中能够方便灵活地改变用户窗口的属性和状态,McgsPro 嵌入版组态软件设置了用户窗口的调用方法,以备

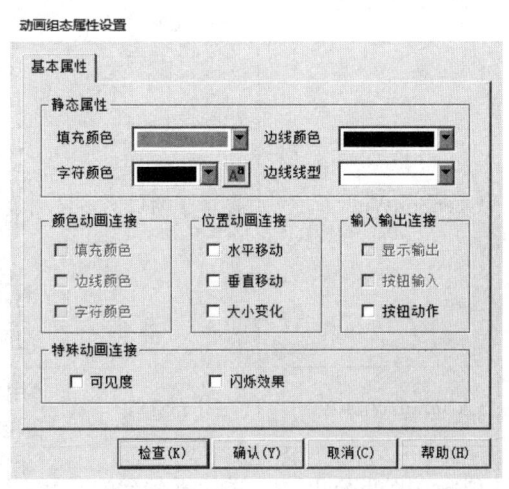

图 3-28 位图属性设置

用户在实际组态过程中设置使用,如图 3-29 所示。在脚本程序中,使用操作符".",可以在脚本程序或使用表达式的地方,调用用户窗口对象相应的方法。例如,"调用用户窗口.窗口 0. OpenSubWnd"可以打开用户窗口 0 的子窗口。

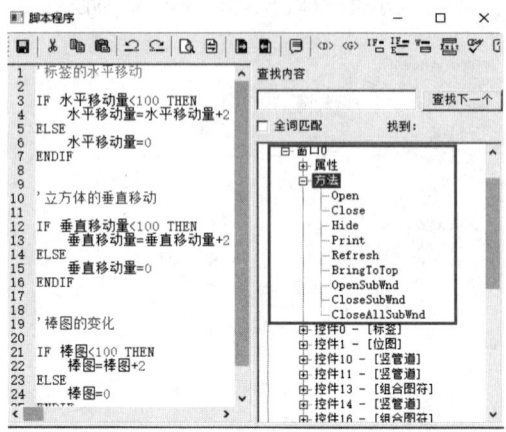

图 3-29　用户窗口调用方法

脚本程序中用户窗口的调用方法说明见表 3-1。

表 3-1　用户窗口的调用方法说明

方法名	方法作用	实例
Open()	打开窗口	用户窗口.窗口 1. Open(),打开窗口名为"窗口 1"的窗口
Close()	关闭窗口	用户窗口.窗口 1. Close(),关闭窗口名为"窗口 1"的窗口
Hide()	隐藏窗口	用户窗口.窗口 1. Hide(),隐藏窗口名为"窗口 1"的窗口
Print()	打印当前窗口	此函数功能目前未实现
Refresh()	刷新当前窗口	用户窗口.窗口 1. Refresh(),刷新窗口名为"窗口 1"的窗口
BringToTop()	—	此函数在 McgsPro 系列产品中无效,考虑兼容性问题,故保留
OpenSubWnd()	显示子窗口	!OpenSubWnd(窗口 1,0,0,400,200,1)在位置(0,0)打开大小为 400×200,子窗口名为"窗口 1"的模态子窗口
OpenSubWnd()	显示子窗口	!OpenSubWnd(窗口 1,0,0,400,200,2) 在位置(0,0)打开大小为 400×200,子窗口名为"窗口 1"的菜单子窗口
OpenSubWnd()	显示子窗口	!OpenSubWnd(窗口 1,0,0,400,200,34)在位置(0,0)打开大小为 400×200,子窗口名为"窗口 1"的菜单子窗口,并自动跟随鼠标显示
CloseSubWnd()	关闭子窗口	用户窗口.窗口 1. CloseSubWnd(窗口 2),关闭窗口名为"窗口 2"的子窗口
CloseAllSubWnd()	关闭所有子窗口	用户窗口.窗口 1. CloseAllSubWnd(),关闭当前标准窗口的所有子窗口

任务 3.2　电机正反转速度控制系统设计

一、任务要求

某生产现场安装了一套电动机调速控制系统,通过 PLC 和变频器实现电机的正反转和速度控制。现需要技术人员利用 McgsPro 嵌入版组态软件设计一套电机正反转速度控制系统,以便直观地显示电机当前的运行状态。控制系统的组态画面,如图 3-30 所示。

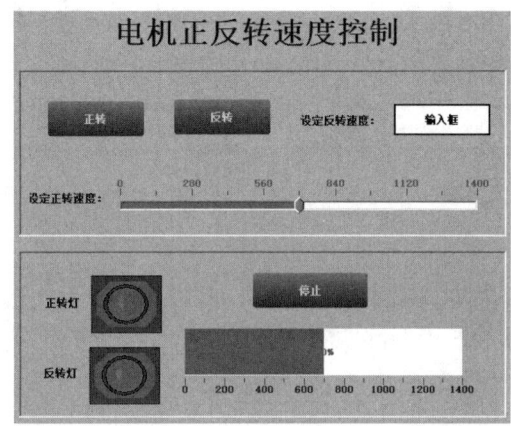

图 3-30　电机正反转速度控制系统的组态画面

二、任务实施

1. 新建工程

左键双击 McgsPro 嵌入版组态软件组态环境的桌面快捷图标,进入 McgsPro 嵌入版组态软件的组态环境。单击工具栏上的"新建"按钮,弹出工程设置对话框,在 HMI 配置栏内选择"TPC1021Nt(1024×600)",其他组态配置为默认,单击"确定"按钮,系统自动创建一个名为"新建工程 0.MCP"的新工程。选择"文件"菜单中的"工程另存为"命令,弹出"文件保存"对话框,在"文件名"一栏内,输入"电机正反转速度控制",单击"保存"按钮,工程创建完毕。

2. 制作画面

1) 标签的制作

在窗口界面,创建 5 个标签按钮,选择其中的一个标签,在标签的扩展属性页里,将文本内输入栏的文字修改为"电机正反转速度控制",如图 3-31 所示;在属性设置页,设置标签的静态属性为"没有填充、没有边线",字符颜色设置为"黑色",字体设置为"宋体、粗体、一号"。剩余 4 个标签分别设置为"设定反转速度""设定正转速度""正转灯"和"反转灯"。

2) 按钮的制作

单击工具箱中"标准按钮"图标,鼠标的光标呈"十"字形,绘制出大小合适的三个按钮。左键双击按钮,弹出"标准按钮构件属性设置"对话框,选择基本属性页,将文本的内容修改为"正转""反转"和"停止",如图 3-32 所示。

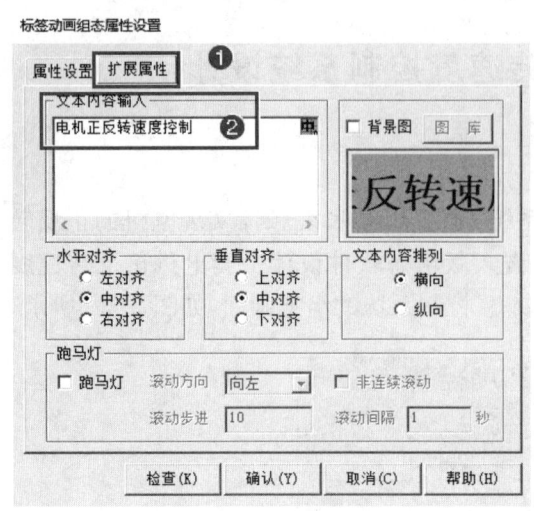
图 3-31 标签文本输入

图 3-32 按钮的文字设置

3）指示灯的制作

添加 2 个指示灯，单击工具箱中的"插入元件"图标，弹出"元件图库管理"对话框，在公共图库中，选择"指示灯 2"，如图 3-33 所示。

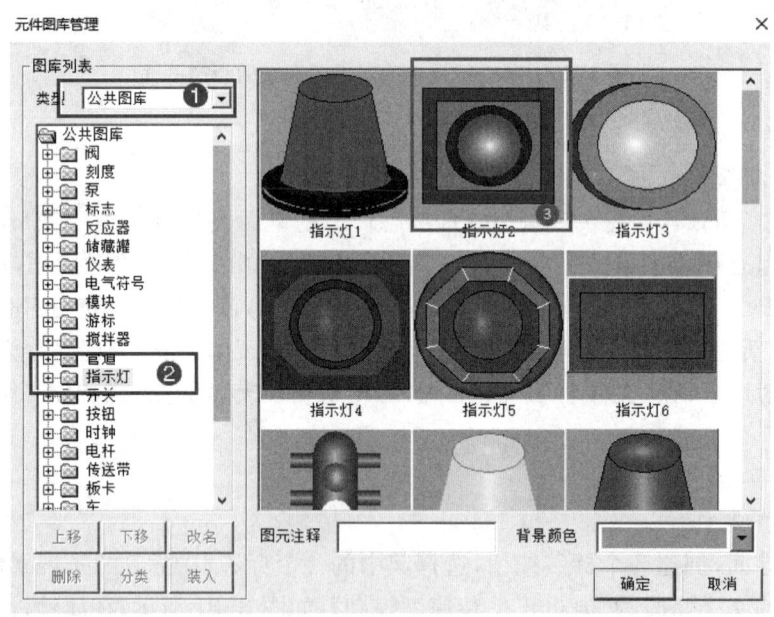
图 3-33 插入指示灯

4）添加凹平面

在窗口界面，创建 2 个"凹平面"，单击图符工具箱中的"凹平面"图符，鼠标的光标呈"十"字形，在窗口中绘制出大小合适的矩形框，如图 3-34 所示。选择"凹平面"，单击右键，弹出快捷菜单，选择"排列"，弹出排列菜单，再选择"最后面"，如图 3-35 所示。

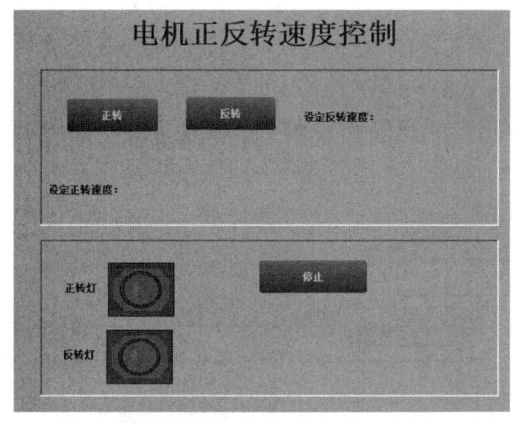

图 3-34　插入"凹平面"　　　　　图 3-35　"凹平面"排列设置

5）添加其他构件

单击工具箱中"输入框"图标，鼠标的光标呈"十"字形，绘制出大小合适的输入框控件。单击工具箱中"滑动输入器"图标，鼠标的光标呈"十"字形，绘制出大小合适的滑动输入器控件，左键双击构件，弹出"滑动输入器构件属性设置"对话框，选择刻度与标注属性页，主划线数目设为 5，次划线数目设为 2，其他为默认设置，如图 3-36 所示。

单击工具箱中"百分比填充"图标，鼠标的光标呈"十"字形，绘制出大小合适的百分比填充控件，左键双击构件，弹出"百分比填充构件属性设置"对话框，选择刻度与标注属性页，主划线数目设为 7，次划线数目设为 2，标注位置选为右(下)边显示，其他为默认设置，如图 3-37 所示。

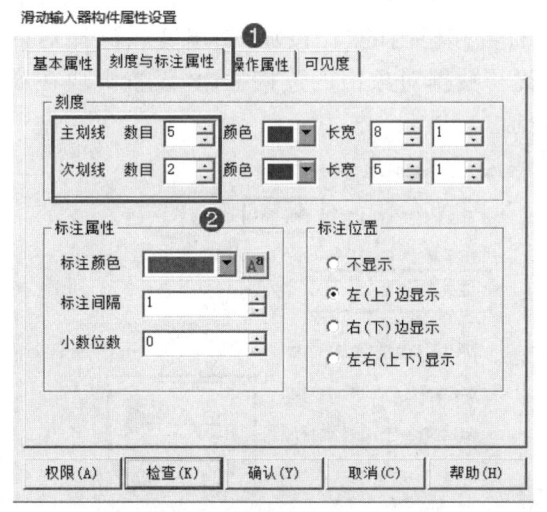

图 3-36　滑动输入器属性设置　　　　　图 3-37　百分比填充属性设置

3. 创建数据对象

在系统运行的过程中，指示灯的外观形状由数据对象的值驱动，因此，为了实现指示灯的动画效果，需要创建 3 个指示灯的整数型变量，如图 3-38 所示。

4. 动画连接

在窗口界面上,左键双击"指示灯 1"构件,弹出"单元属性设置对话框",选择变量列表页,左键单击连接类型下"表达式",再点击表达式栏内的"?"按钮,弹出变量选择对话框,选择"正转指示灯"数据对象,如图 3-39 所示。参照正转指示灯的设置方法,设置指示灯 2 为反转指示灯。

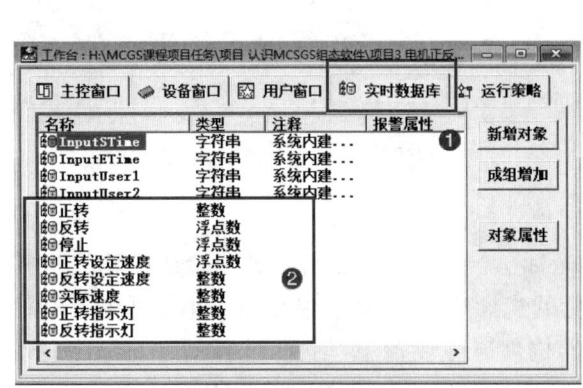

图 3-38　创建数据对象

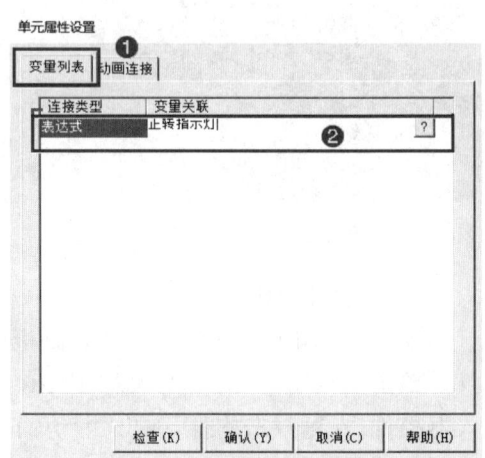

图 3-39　正转指示灯数据对象连接

在窗口界面上,左键双击"输入框"构件,弹出"输入框构件属性设置"对话框,选择操作属性页,左键单击对应数据对象的名称栏内的"?"按钮,弹出变量选择对话框,选择"反转设定速度"数据对象,如图 3-40 所示。

在窗口界面上,左键双击"滑动输入器"构件,弹出"滑动输入器构件属性设置"对话框,选择操作属性页,左键单击对应数据对象的名称栏内的"?"按钮,弹出变量选择对话框,选择"正转设定速度"数据对象;在滑块位置和数据对象值的连接栏内,设置滑块在最右(上)边时对应的值设为 1 400,如图 3-41 所示。

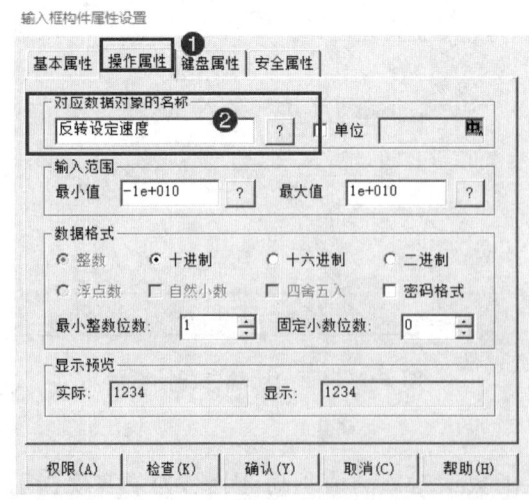

图 3-40　输入框数据对象连接

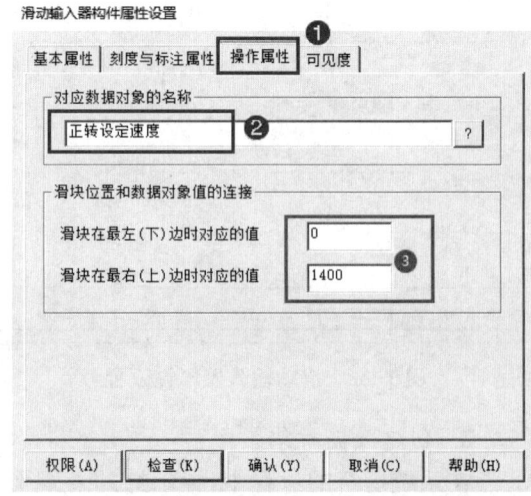

图 3-41　滑动输入器构件数据对象连接

在窗口界面上,左键双击"百分比填充"构件,弹出"百分比填充构件属性设置"对话框,选择操作属性页,左键单击对应数据对象的名称栏内的"?"按钮,弹出变量选择对话框,选择"实际速度"数据对象;在填充位置和表达式值的连接栏内,100%对应的值设为1400,如图3-42所示。

5. 按钮动作设置

左键双击"正转"按钮,弹出"标准按钮构件属性设置"对话框,选择操作属性页,单击"抬起功能",勾选"数据对象值操作",单击"?"按钮,从弹出的"变量选择"对话框中选择"正转"数据对象,再在下拉框中选择为"按1松0",单击"确认"按钮,完成"正转"按钮的设置,如图3-43所示。"反转"按钮和"停止"按钮的设置参考"正转"按钮。

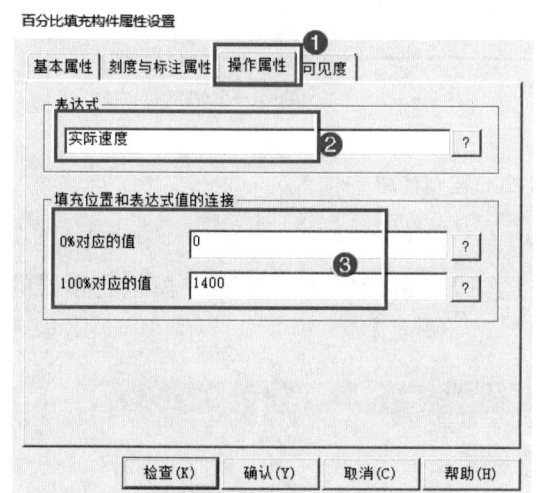
图3-42 百分比填充构件数据对象连接

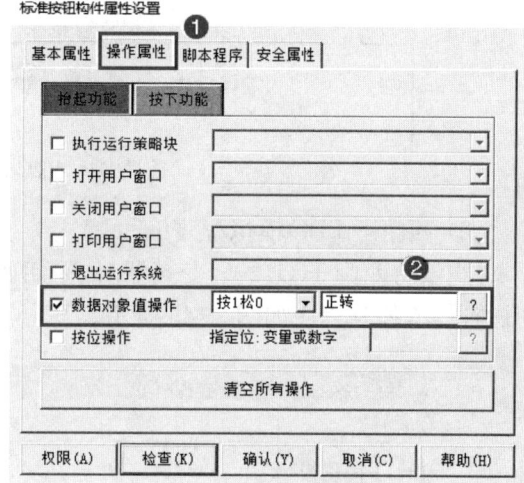
图3-43 按钮动作设置

6. PLC程序编写

本任务中的PLC程序分为西门子S7-1200 PLC、西门子G120C变频器程序和西门子PLC仿真程序。

1) 西门子S7-1200 PLC和西门子G120C变频器程序

首先设置西门子S7-1200 PLC和西门子G120C变频器的PN通信,PLC和变频器的控制信号使用标准报文1,控制程序如图3-44所示。

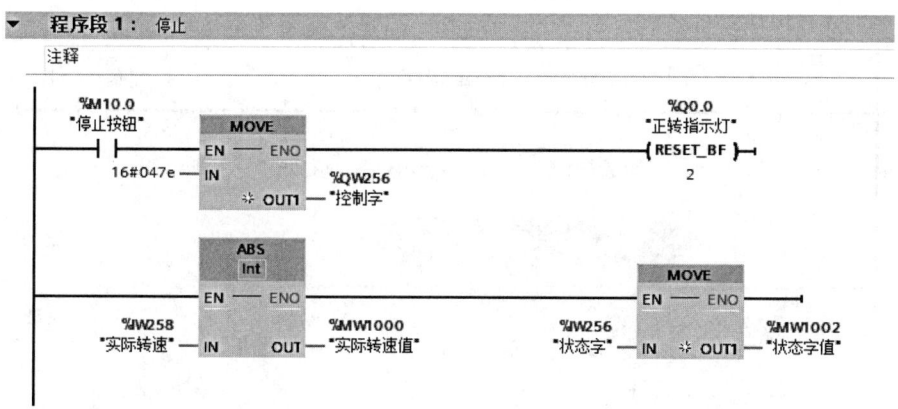

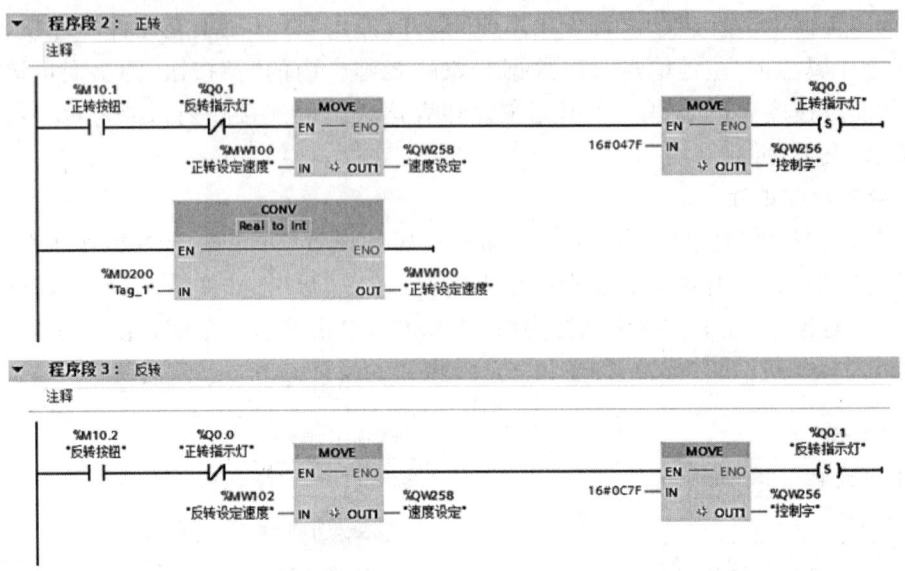

图 3-44　PLC＋G120C 控制程序

2) 西门子 PLC 模拟程序编写

当没有西门子 G120C 变频器时,采用西门子 PLC 的递增指令 INC 来模拟变频器的升速过程,控制程序如图 3-45 所示。

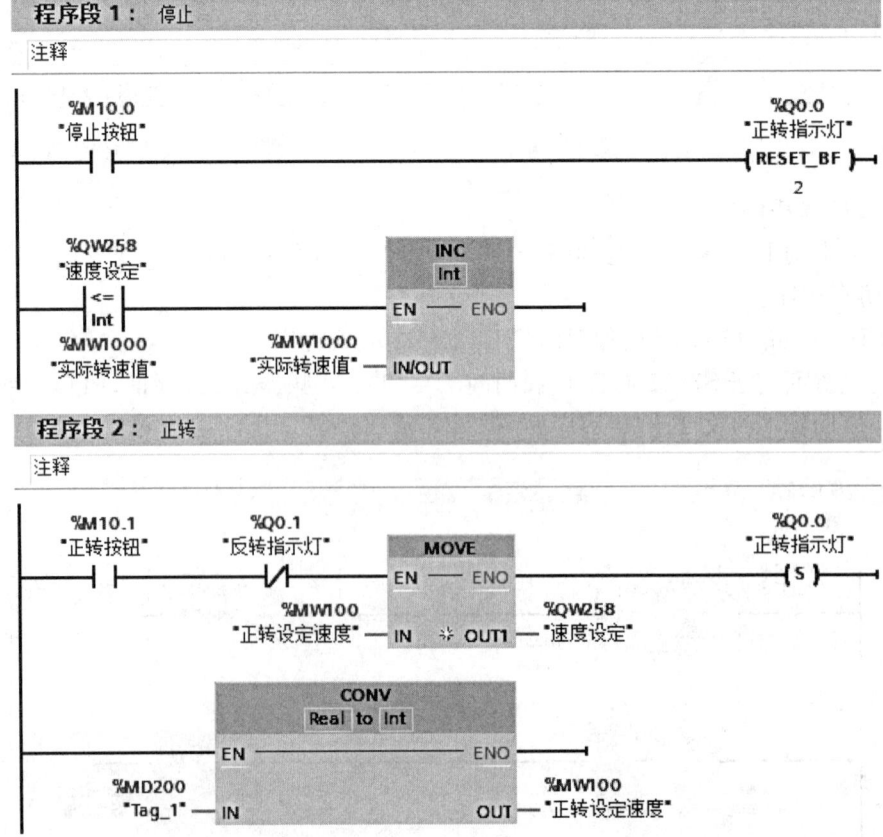

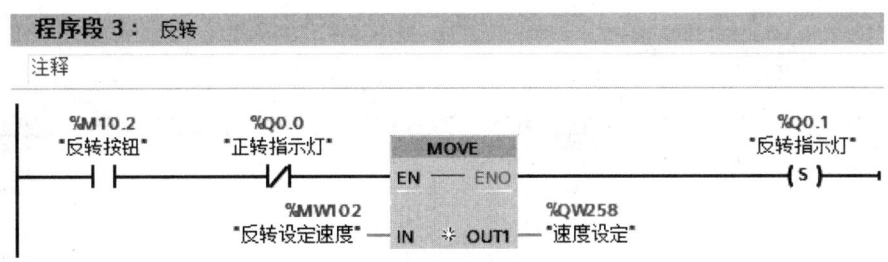

图 3-45　PLC 模拟程序

7. 组态设备窗口设置

左键双击工作台中的"设备窗口",打开"设备窗口"对话框,右键单击选择"设备工具箱",在设备工具箱中,单击"设备管理",弹出"设备管理"对话框,选择"通用 TCP/IP 父设备"和"Siemens_1200"驱动程序,左键双击将其加入设备窗口中。

左键双击"通用 TCP/IP 父设备",弹出"通用 TCP/IP 设备属性编辑"对话框,在本地 IP 地址栏内输入 HMI 硬件的 IP 地址:"192.168.0.190",本地端口号默认 0。在远程 IP 地址栏内输入 PLC 硬件的 IP 地址:"192.168.0.10",远程端口号默认为 102,如图 3-46 所示。

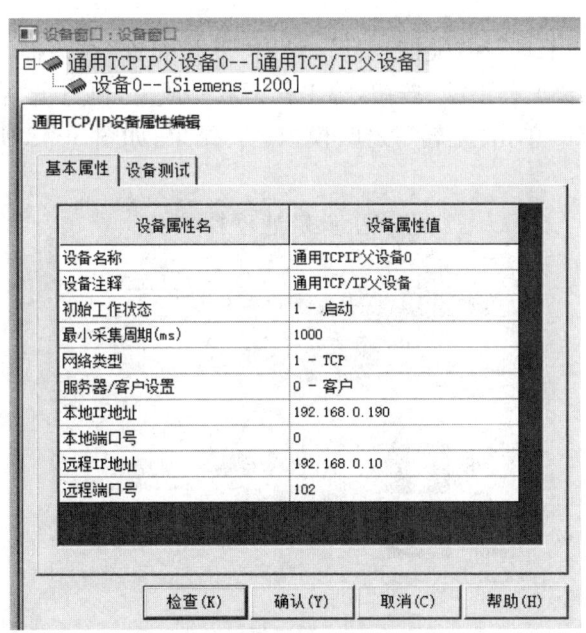

图 3-46　TCP/IP 设备属性设置

左键双击"设备 0—[Siemens_1200]",弹出设备编辑窗口,单击右侧的"增加设备通道",添加"读写 Q000.0""读写 Q000.1""读写 M010.0""读写 M010.1""读写 M010.2",分别连接"正转指示灯""反转指示灯""停止""正转""反转"5 个变量。再新增 3 个通道"读写 MWB102""读写 MDF200""读写 MWB1000",分别连接"反转设定速度""正转设定速度""实际速度"3 个变量。完成后的通道列表,如图 3-47 所示。

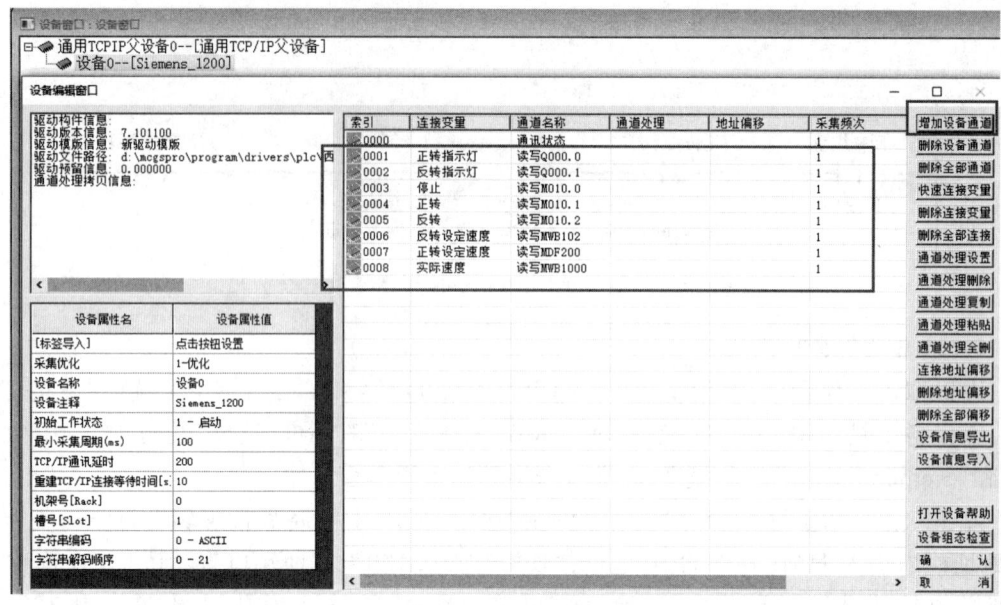

图 3-47　创建设备连接通道

8. 调试运行

在菜单栏中选择"工具"和"模拟运行",弹出"下载配置"对话框,在对话框中,运行方式选择为"模拟",单击"工程下载"按钮,等工程下载完成后,再点击"启动运行",拖动滑杆设定正转速度约为 680,单击"正转"按钮,模拟运行结果,如图 3-48 所示。

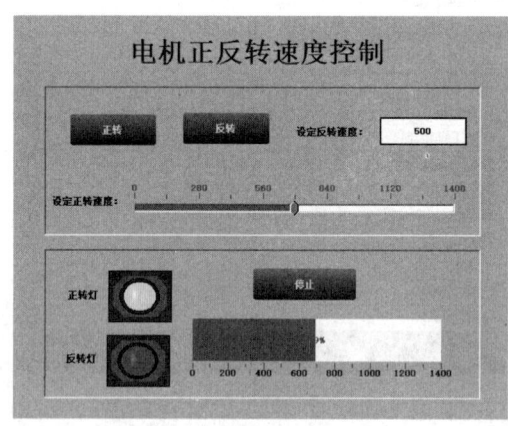

图 3-48　调试运行界面

三、相关知识

1. 滑动输入器

滑动输入器构件是通过模拟滑块直线移动实现数值输入的一种动画图形构件。运行时,鼠标移动到滑动输入器构件的滑动块上方,按住鼠标左键拖动滑块,改变滑块的位置,进而改变构件所连接的变量的值。

滑动输入器构件有可见与不可见 2 种显示状态。当指定的可见度表达式被满足时,滑动输入器构件将呈现可见状态,否则,处于不可见状态。

1) 基本属性

基本属性可配置构件外观尺寸、颜色及滑块方向,如图 3-49 所示。

(1) 构件外观:可设置滑块的高度(设置范围:-2 147 483 648～2 147 483 647)、宽度、表面颜色以及滑轨的高度、背景颜色、填充颜色。

(2) 滑块指向:设置滑块的指针方向。

2) 刻度与标注属性

刻度与标注属性可设置构件刻度属性、标注属性和标注位置,如图 3-50 所示。

(1) 刻度:设置主划线和次划线的数目、颜色、长度、宽度。其中数目设置范围为 1～100,长度和宽度设置范围为 0～2 147 483 647。

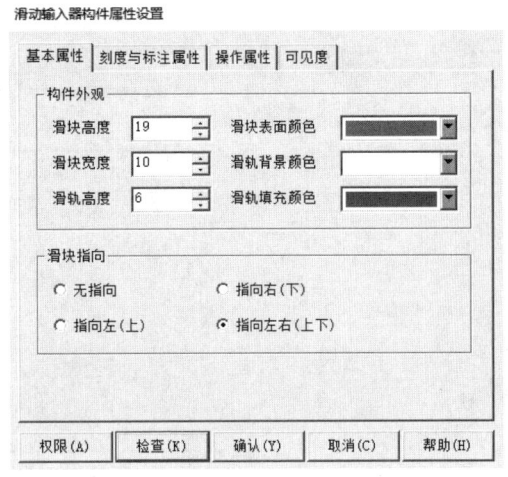

图 3-49 滑动输入器构件基本属性

(2) 标注属性:设置标注文字的颜色、字体、标注间隔和标注的小数位数。其中标注间隔可设置范围为 1～2 147 483 647,小数位数可配置范围为 0～100。

(3) 标注显示:设置是否显示标注文字以及标注的位置。

3) 操作属性

操作属性可设置滑动输入器关联变量以及滑动输入范围,如图 3-51 所示。

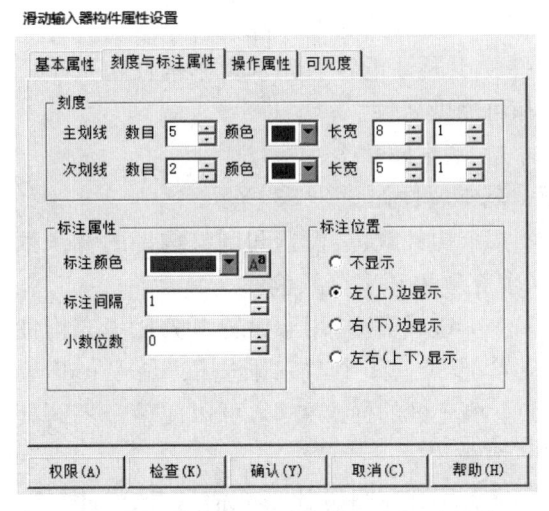

图 3-50 滑动输入器构件刻度与标注属性　　图 3-51 滑动输入器构件操作属性

(1) 对应数据对象的名称:滑动输入器构件所对应的变量,一般为浮点数,变量的值和滑块的位置成一一对应的关系。

(2) 滑块位置和数据对象值的连接:建立滑块位置和所连接的变量数值之间的极限关系。运行时,根据滑块实际的位置,利用线性关系计算变量的值。

4）可见度

可见度是指在系统运行中是否可见，由指定的表达式的值决定，如图 3-52 所示。

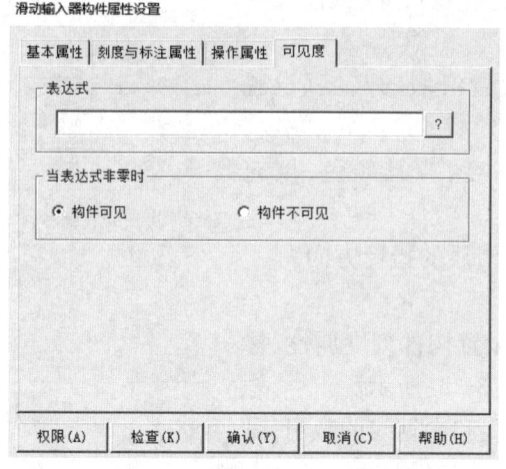

图 3-52　滑动输入器构件可见度设置

（1）表达式：本项中可以输入一个表达式，用表达式的值来控制构件的可见度。如不设置任何表达式，则运行时，构件始终处于可见状态。可使用右侧的"?"按钮查找并设置所需的表达式。

（2）当表达式非零时：本项指定表达式的值与构件可见度相对应。

2. 百分比填充

百分比填充构件提供了水平、垂直填充效果，填充区域会随着表达式值的变化而变化，同时在百分比填充构件的中间，可用数字来显示当前填充的百分比。

从窗口中拖出一个百分比构件，双击该构件弹出属性设置对话框。本构件包括 4 个属性页：基本属性、刻度与标注属性、操作属性和可见度属性。

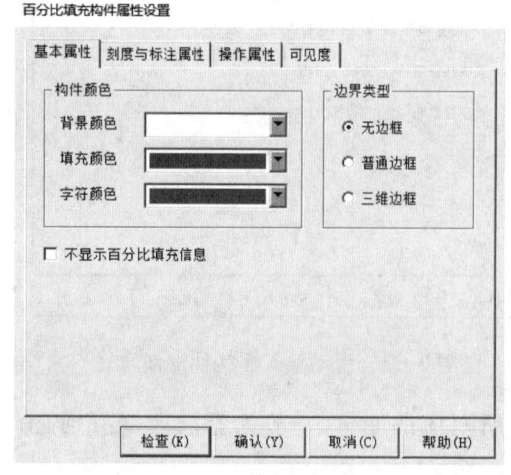

图 3-53　百分比填充基本属性

1）基本属性

基本属性如图 3-53 所示。

（1）构件颜色：设置和调整构件的背景颜色、填充颜色和字符颜色。

（2）边界类型：用于设置百分比填充构件的边界形式。其中，"三维边框"是 Windows NT 下填充框的标准外形，可以使整个界面具备三维效果。

（3）不显示百分比填充信息：选中此复选框，将不在构件中间显示百分比填充信息。

2）刻度与标注属性

刻度与标注属性如图 3-54 所示。

（1）刻度：设置主划线和次划线的数目、颜色、长度和宽度。

(2) 标注属性:设置标注文字的颜色、字体、标注间隔和标注的小数位数。

(3) 标注显示:设置是否显示标注以及标注的显示位置。

3) 操作属性

操作属性如图 3-55 所示。

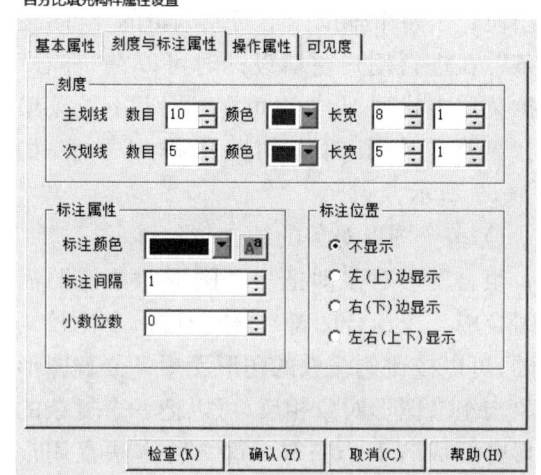

图 3-54 百分比填充刻度与标注属性

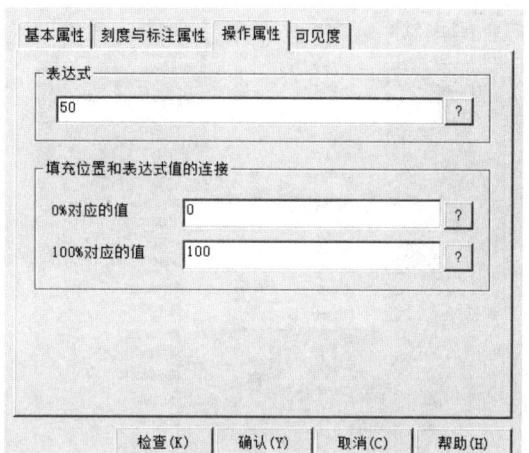

图 3-55 百分比填充操作属性

(1) 表达式:本项输入的表达式为百分比填充构件所对应的浮点数表达式,本构件可把表达式的值转化成图形方式显示。

(2) 填充位置和表达式值的连接:设置没有填充和全部填充时所对应的表达式的值,运行时以此为依据,由表达式的值来计算对应的填充位置。

当表达式的值小于 0% 对应的值时,没有填充,填充信息显示为 0%;当表达式的值大于 100% 对应的值时,填充区域被填满,填充信息显示为 100%。

当 0% 对应的值大于 100% 对应的值时,填充方向是从左到右或从下到上,和正常情况无区别。

单击输入框右侧问号("?")按钮关联实时数据库中的数据变量。

4) 可见度属性

可见度页如图 3-56 所示。

(1) 表达式:本项中可以输入一个表达式,用表达式的值来控制构件的可见度。如不设置任何表达式,则运行时,构件始终处于可见状态。点击表达式输入框右侧"?"按钮关联实时数据库中的变量。

(2) 当表达式非零时:本项指定表达式的值与构件可见度相对应。

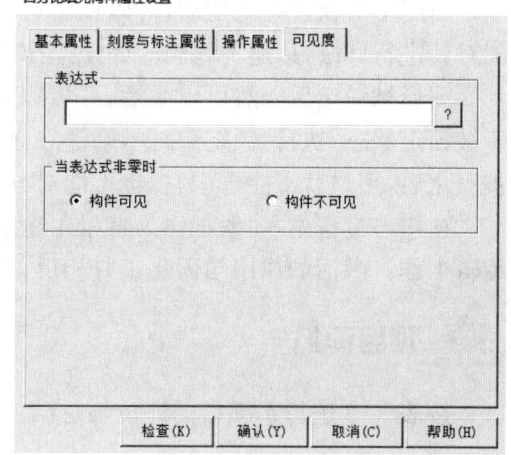

图 3-56 百分比填充可见度

3. 图形对象的排列方法

在进行用户窗口的设计时,常常会根据需要对特定的图形或多个图形通过组合、分解或必要的排列、旋转等操作以形成生动的动画效果,这也是组态过程中一个必不可少的步骤。

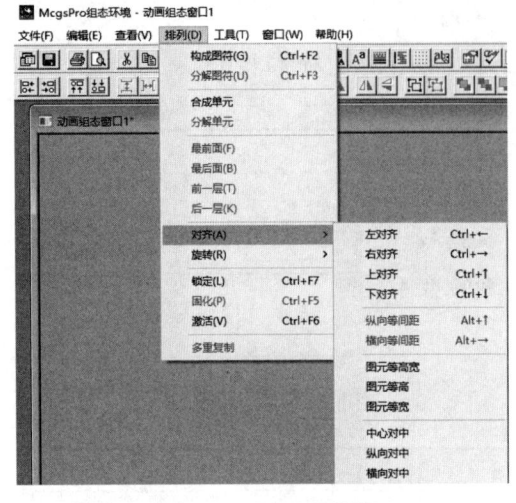

McgsPro 嵌入版组态软件的组态环境中专门设计了一个辅助图形对象编辑的"绘图编辑条",在进行用户窗口设计时可以在"查看"下拉菜单中找到,此外也可在"排列"下拉菜单中找到所有与其对应的图形排列方法,如图 3-57 所示。

1) 多个图形对象的组合与分解

组合图形对象即把多个图形对象按照需要组合成一个组合图符,以便形成一个比较复杂的、可以按比例缩放的图形元素。分解图形对象与组合图形对象相反,可以把一个复杂的图形分解成若干个图符。这 2 种方法在用户窗口组态时经常使用。

图 3-57 "排列"菜单

2) 多个图形对象的对齐和旋转

当在用户窗口中绘制了多个图形对象后,可以把当前对象作为基准,对被选中的多个图形对象进行相对位置关系和大小的调整,包括排列对齐,中心点以及等高、等宽等一系列操作,同时可以对图形对象进行左、右 90°和上、下镜像的旋转,以获得必要的图形效果。

3) 多个图形对象的叠加

多个图形对象进行组合构成图符的过程中,还要考虑多个对象的叠加。McgsPro 嵌入版组态软件为图形叠放层次提供了 4 种选择:前一层、后一层、最前面和最后面。这四种叠放层次可以把多个图形根据需要进行叠加,形成一个新的图元,以符合系统需要。

4) 图形构件的锁定、固化和激活

当图形对象设计完毕后,可以锁定对象的位置和大小,使用户在设计时没有解锁就不能对其进行修改,以避免编辑时因误操作而破坏组态图形的完好。

图形被锁定后仍然可以激活,并可以改变它的颜色和动画等属性。如果当前对象处于被锁定状态,执行"锁定"命令,则解除对象的锁定状态。固化对象的含义是当图形对象被固化后,用户就不能选中它,也不能对其进行各种编辑工作。

在组态过程中,一般把作为背景用途的图形对象加以固化,以免影响其他图形对象的编辑工作。激活的作用与固化正好相反,其可以对固化过的对象激活后进行编辑。

 项目评价

按表 3-2 进行本项目的评价与总结。

表 3-2 项目评价表

学期	工作形式		他人评分	实际完成时间		
	□个人 □小组分工 □小组		□是 □不是			
评分内容	评分标准	分数	学生评分	教师评分	得分	
简单动画界面设计	不少于界面构件	20 分				
简单动画调试	3 个动画均能运动	20 分				
电机正反转界面设计	不少于界面构件	20 分				
速度设定和显示	能单独设定速度和显示运行速度、正反转指示灯	20 分				
PLC 程序编写	正确调试 PLC 程序	10 分				
总体调试	系统运行正确,界面美观	10 分				
考核时间 50 分钟	每超时 10 分钟扣 5 分					
总分		学生签名:				
		教师签名:				
		日期:				

蔡蔚:"制造业才是中国的脊梁"

近日,"2015 中国汽车年度人物"揭晓,精进电动科技有限公司首席技术官蔡蔚荣获"2015 中国汽车创新人物"。获奖理由是:"作为公司的技术研发带头人,蔡蔚使精进电动成为中国新能源汽车领域不可或缺的技术力量。"这个荣誉,对蔡蔚来说,当之无愧。他誓言:"总有一天,中国在新能源汽车领域将引领世界,要为那个时刻的到来努力奋斗。"

一、在美国,他被誉为"雷米混合动力之父"

电机系统,被称为新能源汽车的"心脏",而蔡蔚,就是给新能源汽车制造"心脏"的人。

蔡蔚师从国内电机界赫赫有名的教授;31 岁被破格晋升为教授,后到美国和瑞士做访问教授。1999 年,在美国取得博士学位后,蔡蔚加入美国雷米国际公司,担任首席设计师,随后升任混合动力技术总监。

在雷米的 10 年中,蔡蔚的发明一个接一个。他说:"2009 年下半年之前,除了日本设计制造的几款,全球量产的混合动力车里,搭载的电机多数出自我的手。"

蔡蔚的这句话并不夸张:他研发的发卡式矩形导体定子绕组永磁电机产品,使雷米成为通用第一个混合动力驱动电机供应商,由此构建了通用独特的双模混合动力双电机系统。此后,蔡蔚为戴姆勒、克莱斯勒、宝马、艾力逊等公司主持设计多款享誉业内的新能源汽车电机产品,并实现了产业化,由此奠定了他在世界新能源汽车驱动电机领域的领军地位。

蔡蔚多达几十项的发明专利，让雷米在驱动电机领域誉满全球。雷米国际首席执行官多次在公开场合称蔡蔚为"雷米的混合动力电机产品之父"。

就在蔡蔚的事业在国外风生水起时，他突然做出一个决定：回国创业，一切从头开始。

二、"宝马奔驰能用的东西，我相信中国的车也能用"

当时，美国三大车企都在中国设置了亚洲和全球的采购中心，十分看好中国市场。令人遗憾的是，这些车企都没有在中国购买发动机和变速箱这些核心零部件。

"这是一个机会，一个填补中国核心零部件领域空白的机会。"蔡蔚说，"宝马、奔驰都用我做的电机。宝马奔驰能用的东西，我相信中国的车也能用！"

2008年，49岁的蔡蔚，怀揣着第一笔风险投资，与合伙人余平在北京创办了精进电动科技有限公司，开启了给中国新能源汽车制造"中国心"的追梦之旅。

三、做世界上最好的新能源汽车电机

然而，长期以来，市场上先进的发动机和自动变速箱，基本上都是国外研发或合资引进的。如何改变这一事实？蔡蔚想，只有通过技术创新，才能与国外的高端公司拼抢市场。

在蔡蔚的带领下，仅仅3年，精进电动就成长为我国新能源汽车驱动电机行业的领军企业，2010年年底，建成我国第一条批量生产汽车驱动电机生产线，2011年出口欧美过万台电机，成为我国第一家把新能源汽车电机产品推向产业化、国际化的公司。

蔡蔚骄傲地说："如今，精进电动自主研发的产品已经全面覆盖了纯电动、插电混合动力等主要技术路线，率先在国内进行双电机油冷方案的开发，为中国两大汽车集团配套研发生产高性能、油冷却、与变速箱集成的双电机系统。"

2015年，搭载精进电动插电混合动力系统和纯电驱动系统的城市客车，占我国市场份额的30%以上，每万辆客车每年可减少柴油消耗2亿升，减少二氧化碳排放3亿立方米。2016年，已有5家排名前十的车企搭载了精进电动设计制造的"中国心"，许多合资车企也将精进电机遴选为其量产新能源汽车的"发动机"。

专家预言，到2030年，每辆车至少搭载一台驱动电机。作为中国新能源汽车"十三五"科技发展规划的起草成员，蔡蔚极力主张开展新能源汽车零部件的自主研发和创新。他说："中国汽车核心零部件强，中国汽车产业则强。中国汽车产业只有抓住这个千载难逢的历史机遇，紧跟全球汽车电动化的大潮，才能让中国由汽车大国变为汽车强国。"

蔡蔚希望更多的年轻人才进入制造业，因为"制造业才是中国的脊梁"。

——《光明日报》(2016年05月27日04版)

练习与思考

1. McgsPro嵌入版组态软件的设备窗口能够添加哪些外部设备？
2. McgsPro嵌入版组态软件设备工具箱中有哪几种设备工具？
3. McgsPro嵌入版组态软件的用户窗口有哪些特点？
4. McgsPro嵌入版组态软件工具箱中有哪几种图形制作工具？
5. McgsPro嵌入版组态软件中如何删除多余的数据对象？

项目 4
旋转仪表的控制

学习目标

1. 知识目标

(1) 熟练窗口的创建、绘图及编辑方法;
(2) 熟练掌握动态画面设计方法;
(3) 掌握图符的特殊动画连接方法;
(4) 掌握脚本程序的编写。

2. 能力目标

(1) 能使用 McgsPro 嵌入版组态软件实现旋转仪表的控制;
(2) 能通过编程实现小球的运行状态显示;
(3) 能通过下载工程,进入运行环境,调试旋转仪表的运行状态。

3. 素质目标

(1) 激发浓厚的学习兴趣,养成严谨的学习态度;
(2) 养成良好的职业道德;
(3) 培养学生的独立工作能力和自学能力;
(4) 提高团队合作能力与沟通能力。

项目描述

建立一个组态工程,使用脚本程序编写温度控制程序。当系统提供的旋转仪表温度值发生变化时,指针动态跟随,并实时显示出当前的温度值。

任务 4.1　简单脚本程序编写

一、任务要求

脚本程序是组态软件中的一种内置编程语言引擎。在 McgsPro 嵌入版组态软件中,脚本语言是一种语法上类似 Basic 的编程语言,有些 HMI 软件中也称其为"宏指令"。本任务以控制小球的运动为例,学习如何编写脚本程序。小球的运动控制界面如图 4-1 所示。

小球运动演示

图 4-1　小球运动组态

二、任务实施

1. 新建工程

左键双击 McgsPro 嵌入版组态软件组态环境的桌面快捷图标,进入 McgsPro 嵌入版组态软件的组态环境。单击工具栏上的"新建"按钮,弹出工程设置对话框,在 HMI 配置栏内选择"TPC1021Nt(1024×600)",其他组态配置为默认,单击"确定"按钮,系统自动创建一个名为"新建工程 0. MCP"的新工程。选择"文件"菜单中的"工程另存为"命令,弹出文件保存对话框,在"文件名"一栏内,输入"小球运动",单击"保存"按钮,工程创建完毕。

2. 界面设计

(1) 小球运动的标签制作。选择"工具箱"内的"标签"按钮,鼠标的光标呈"十"字形,在窗口中适当位置拉出矩形并双击打开"标签动画组态属性设置"对话框,如图 4-2 所示。单击扩展属性页,在文本内容输入框内输入"小球运动"。单击"属性设置",将填充颜色设置为"没有填充",边线颜色设置为"没有边线",字符颜色设置为"黄色",字符字体设置为"微软雅黑、

图 4-2　标签扩展属性设置

常规、初号",单击"确认"按钮,如图 4-3 所示。

(2) 绘制小球和运动路线。单击工具箱中的"直线"按钮,绘制两条直线,一条为水平线,边线颜色设置为红色,一条为垂直线,边线颜色设置为黄色,如图 4-4 所示。单击工具箱中的"常用图符"按钮,打开常用图符工具箱,选择"三维圆球"图符,鼠标的光标呈"十"字形,在窗口中直线的交叉点上绘制出大小合适的三维圆球。

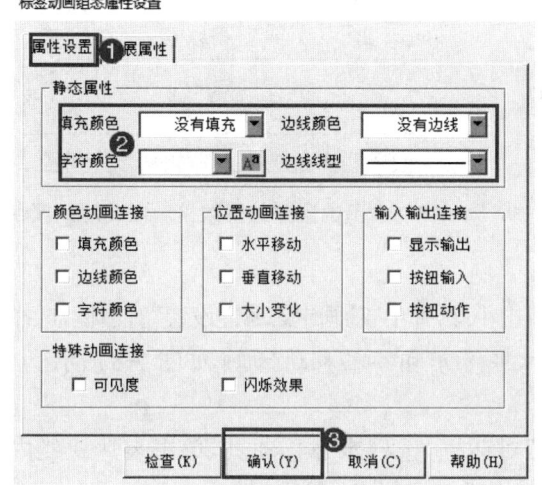

图 4-3 标签静态属性设置

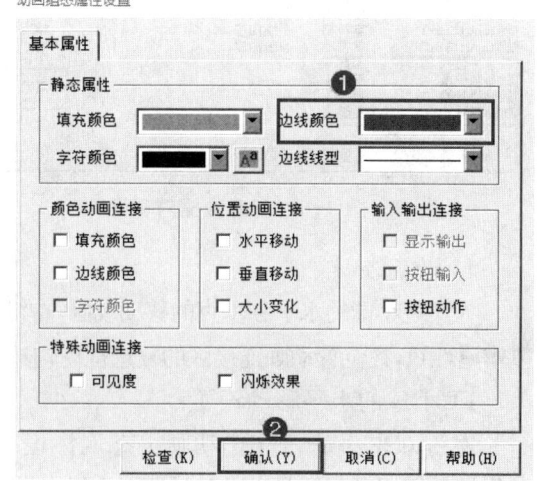

图 4-4 边线颜色设置

(3) 绘制控制按钮。单击图符工具箱中的"凹槽平面"图符,鼠标的光标呈"十"字形,在窗口中绘制出大小合适的矩形框;再单击工具箱中的"标准按钮"图标,在矩形框中绘制出大小合适的 4 个矩形按钮,选中矩形按钮,使用工具栏上的"顶边界对齐""左边界对齐""纵向对中"和"横向对中"进行合理布局。双击按钮,选择基本属性页,将按钮文本设置为"水平移动",如图 4-5 所示。其他 3 个按钮的文本设置参照"水平移动"按钮的设置方法,分别设置为"水平停止""垂直移动"和"垂直停止"。

3. 创建数据对象

在系统运行的过程中,图形对象的外观和状态特征,由数据对象的实时采集值驱

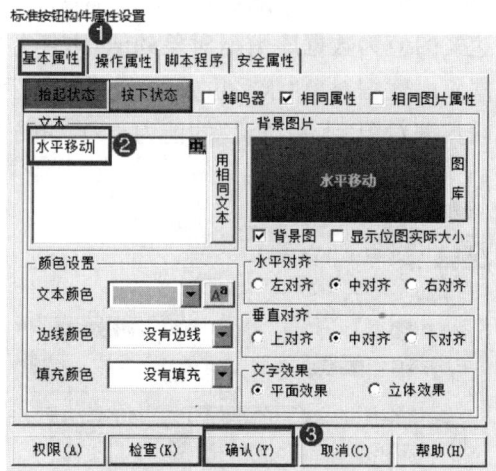

图 4-5 按钮文本设置

动,从而呈现动画效果。因此,为了呈现小球的动画效果,需要创建 4 个整数型变量,如图 4-6 所示。小球的水平移动涉及 2 个变量:水平位置和水平开始;小球的垂直移动也涉及两个变量:垂直位置和垂直开始。水平位置整数型数据对象的对象属性如图 4-7 所示。

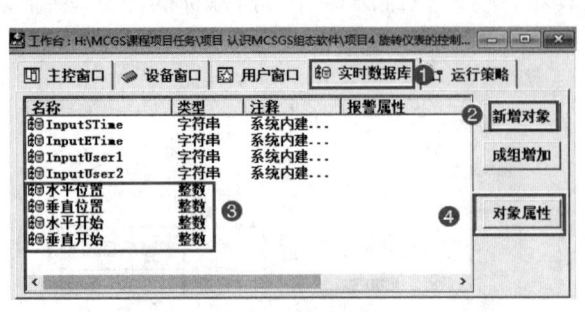

图 4-6 创建数据对象

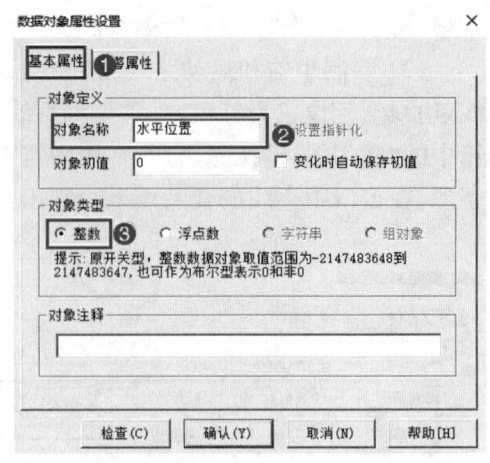

图 4-7 水平位置整数型数据对象的对象属性

4. 动画连接

为实现小球的水平和垂直的移动动画,左键双击小球,弹出"动画组态属性设置"对话框,选择基本属性页,在位置动画连接区的复选框内勾选"水平移动"和"垂直移动"动画,如图 4-8 所示。

1) 小球的水平移动设置

左键双击小球,弹出"动画组态属性设置"对话框,选择水平移动页,单击表达式栏内"?"按钮,弹出"变量选择"对话框,选择"水平位置"数据对象,单击"确定"按钮,"水平位置"数据对象被选中。水平移动连接栏内,最小移动偏移量和最大移动偏移量均为小球在窗口内的像素点,本任务中的最小移动偏移量为 0 像素,最大移动偏移量为 600 像素;表达式的值为数据库数据对象的值,本任务中的最小移动偏移量为 0 像素时,对应的实时数据库内数据对象"水平位置"的值为 0;最大移动偏移量为 600 像素时,对应的实时数据库内数据对象"水平位置"的值为 100,如图 4-9 所示。

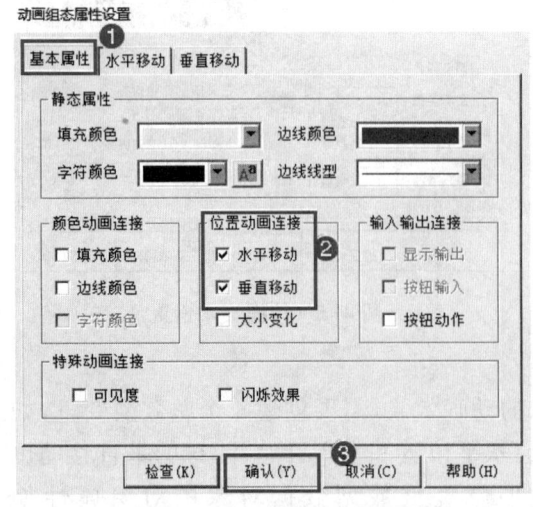

图 4-8 小球的位置动画设置

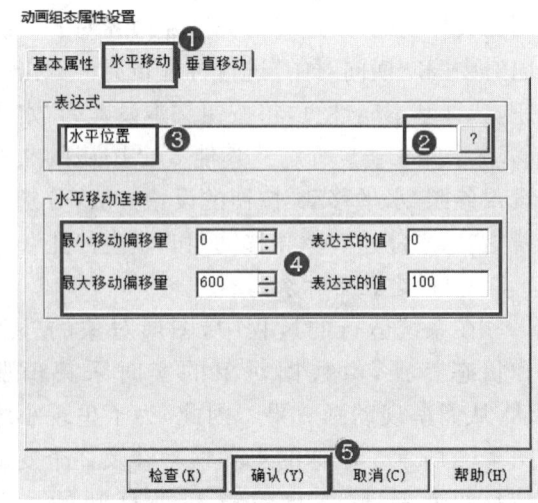

图 4-9 小球的水平移动设置

2）小球的垂直移动设置

左键双击小球，弹出"动画组态属性设置"对话框，选择垂直移动页，单击表达式栏内"?"按钮，弹出"变量选择"对话框，选择"垂直位置"数据对象，单击"确定"按钮，"垂直位置"数据对象被选中。垂直移动连接栏内，本任务中的最小移动偏移量为 0 像素，对应的实时数据库内数据对象"垂直位置"的值为 0；最大移动偏移量为 400 像素，对应的实时数据库内数据对象"垂直位置"的值为 100，如图 4-10 所示。

5. 按钮动作设置

左键双击"水平移动"按钮，弹出"标准按钮构件属性设置"对话框，选择操作属性页，单击"抬起功能"，勾选"数据对象值操作"，单击"?"按钮，从弹出的"变量选择"对话框中选择"水平开始"数据对象，再在下拉框中选择为"置1"，单击"确认"按钮，完成"水平移动"按钮的设置，如图 4-11 所示。其他三个按钮的设置方法同上，"水平停止"按钮与"水平移动"按钮相比，仅需将下拉框中选择为"清0"，如图 4-12 所示。"垂直移动"按钮与"水平移动"按钮相比，仅需将"变量选择"对话框中的数据对象选择为"垂直开始"，如图 4-13 所示。"垂直停止"按钮与"水平停止"按钮相比，仅需将"变量选择"对话框中的数据对象选择为"垂直停止"，如图 4-14 所示。

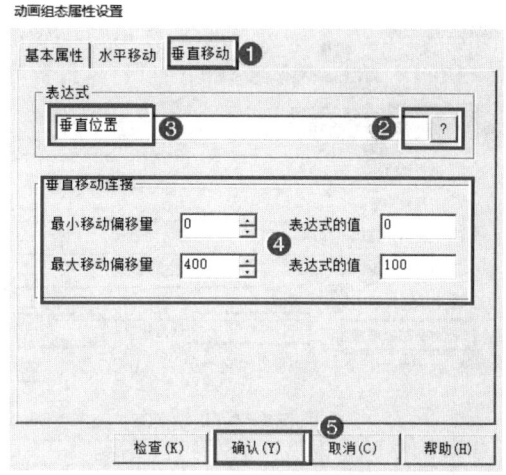

图 4-10　小球的垂直移动设置

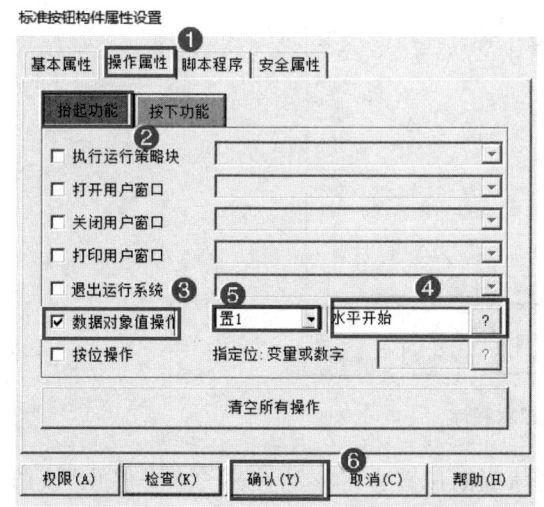

图 4-11　"水平移动"按钮操作属性设置

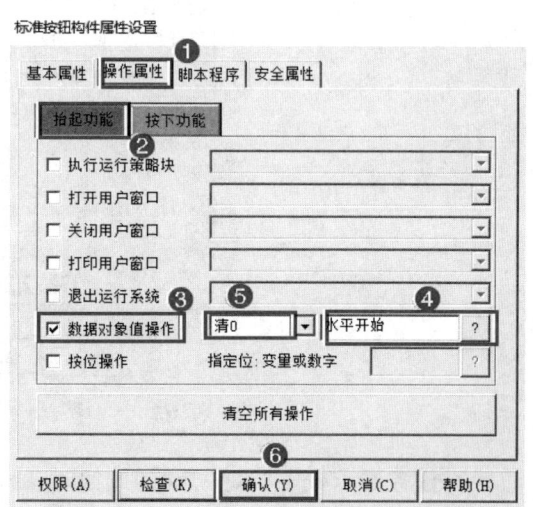

图 4-12　"水平停止"按钮操作属性设置

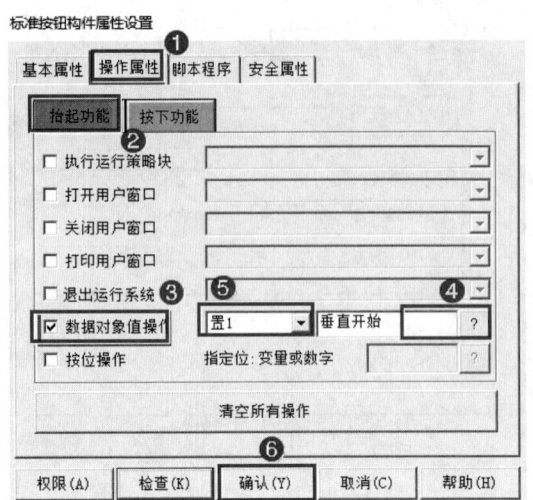 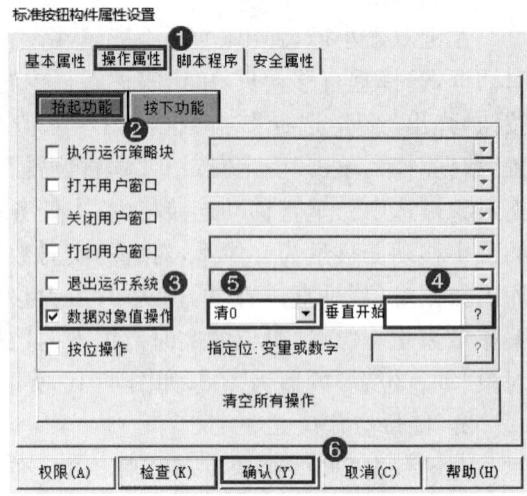

图 4-13 "垂直开始"按钮操作属性设置　　　　图 4-14 "垂直停止"按钮操作属性设置

6. 编写脚本语言

小球的运动动画通过在程序运行时动态修改实时数据库中数据对象的值而实现。左键双击窗口的空白处，弹出"用户窗口属性设置"对话框，选择循环脚本页，设置循环时间为 200 ms，打开脚本程序编辑器，输入"水平位置"和"垂直位置"数据对象的脚本程序，单击"确认"按钮，如图 4-15 所示。

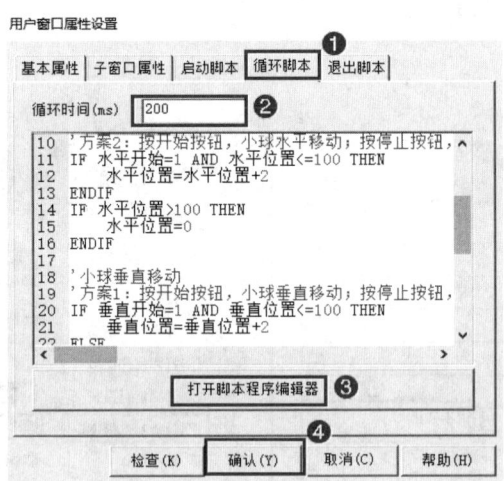

图 4-15 脚本程序

本任务要求按下"水平开始"按钮时，小球从当前位置水平移动；按下"水平停止"按钮时，小球停止到当前位置；按下"垂直开始"按钮时，小球从当前位置移动；按下"垂直停止"按钮，小球停止到初始位置。脚本程序如下：

```
'小球水平移动
IF 水平开始=1 AND 水平位置<=100 THEN
```

```
        水平位置 = 水平位置 + 2
    ENDIF
    IF 水平位置＞100 THEN
        水平位置 = 0
    ENDIF
    '小球垂直移动
    IF 垂直开始 = 1 AND 垂直位置＜ = 100 THEN
        垂直位置 = 垂直位置 + 2
    ELSE
        垂直位置 = 0
    ENDIF
```

7. 调试运行

先保存工程文件，在菜单栏中选择"工具"和"模拟运行"，弹出"下载配置"对话框，在对话框中，运行方式选择为"模拟"，单击"工程下载"按钮，待工程下载完成后，再单击"启动运行"，模拟运行界面如图 4-16 所示。运行完成后，可调整小球水平和垂直位置的最大移动偏移量，重新调试运行。

三、相关知识学习

1. 脚本语言编辑窗口

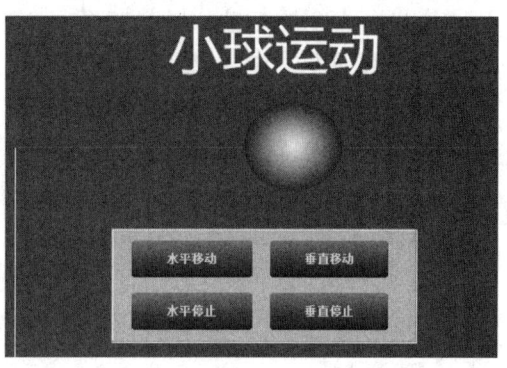

图 4-16 小球运动模拟运行界面

脚本语言编辑窗口由三部分构成：工具条按钮区、脚本编辑区和系统对象树，如图 4-17 所示。

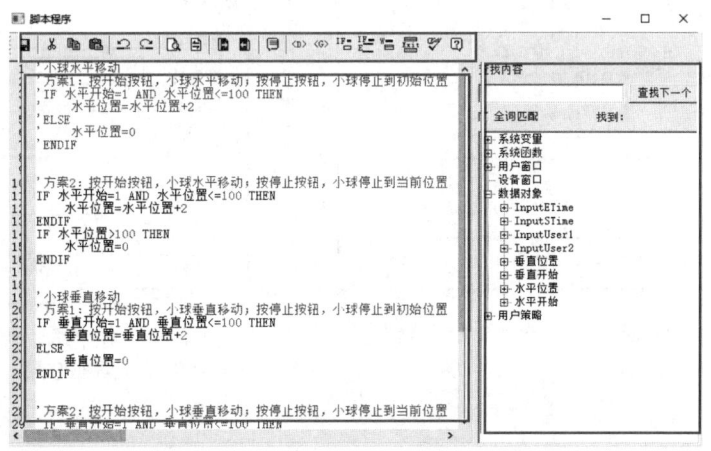

图 4-17 脚本程序编辑窗口

（1）工具条按钮区：工具条是常用功能的快捷图标。将鼠标悬停在某个快捷图标上，可出现文字提示，点击该快捷图标，可实现提示的对应功能。

(2) 脚本编辑区：脚本编辑区是用户进行脚本编写最主要的地方，所有脚本内容均显示在此处。脚本编辑区的自动完成功能主要是在用户输入内容时自动提示与用户输入相关的内容，辅助用户快速完成输入。

(3) 系统对象树：系统对象树以树结构的形式，列出了工程中所有的窗口、策略、设备、变量、系统支持的各种方法、属性以及各种函数，用户可以在此快速查找。对象树仅在脚本编辑窗口中有效。

2. 变量和常量

1) 变量

在脚本程序中，用户不能定义子程序和子函数，其中数据对象可以看作是脚本程序中的全局变量，所有的程序段共用。可以用数据对象的名称来读写数据对象的值，也可以对数据对象的属性进行操作。

变量分为全局变量和局部变量。全局变量可以在所有的脚本语言中使用，它不仅可以在实时数据库中直接定义，还可以通过脚本程序编辑框工具条上的"＜G＞"声明数据对象，如图4-18所示。

局部变量支持整数、浮点数、字符串、字节型4种数据类型，只能在当前脚本中使用。可使用"DIM…AS…"语句对局部变量进行声明，或使用工具栏上的"＜D＞"按钮进行声明，如图4-19所示。

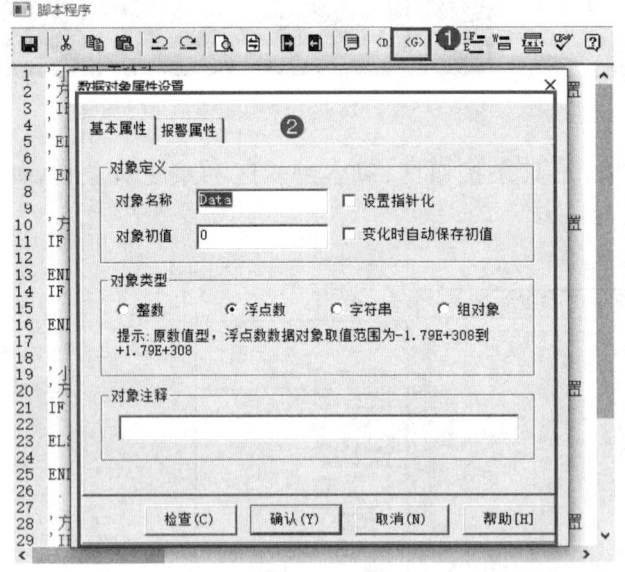

图4-18 在脚本程序编辑区中声明全局变量

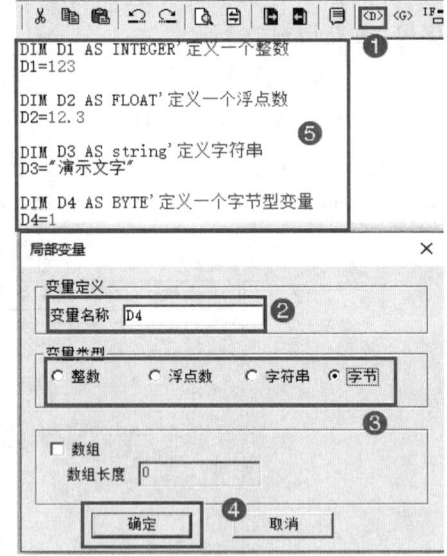

图4-19 在脚本程序编辑区中声明局部变量

2) 常量

常量是在程序运行过程中保持类型和值不变的数据。整数型、浮点数型、字符串型3种数据对象分别对应于脚本程序中的3种数据类型。在脚本程序中不能对组对象和事件型数据对象进行读写操作，但可以对组对象进行存盘处理。

常见的常量：整数常量、浮点数常量、字符串常量等。

3. 表达式

表达式是由数字、算符、数字分组符号(括号)、自由变量和约束变量等以能求得数值的有意义排列方法所得的组合。约束变量在表达式中已被指定数值,而自由变量则可以在表达式之外另行指定数值。表达式的运算结果称为表达式的值。

表达式分为算术表达式和逻辑表达式。

算术表达式是最常用的表达式,又称为数值表达式。它是通过算术运算符来进行运算的数学公式。例如"42=6*7""a=b+c"等。

逻辑表达式是用逻辑运算符将关系表达式或逻辑量连接起来的有逻辑含义的式子。逻辑表达式的值就是一个逻辑值,即"True"或"False"。例如"5>3"结果为"True","5<3"结果为"False"。

表达式是构成脚本程序的最基本元素,在 McgsPro 的部分组态中,也常常需要通过表达式来建立实时数据库与其对象的连接关系,正确输入和构造表达式是组态软件的一项重要工作。

4. 赋值语句

赋值语句的格式:数据对象=表达式。

赋值语句用赋值号("=")来表示,其具体含义:把"="右边表达式的运算值赋给左边的数据对象。赋值号左边必须是能够读写的数据对象,如整数数据对象、浮点数数据对象、字符串数据对象以及能进行读写操作的内部数据对象,而组对象、事件型数据对象、只读的内部数据对象、系统函数以及常量,均不能出现在赋值号左边,因为不能对这些对象进行操作。

赋值号的右边为表达式,表达式的数据类型必须与左边数据对象的值的类型相符合,否则系统会提示"类型不匹配"的错误信息。

5. 条件语句

条件语句是用来判断给定的条件是否满足(表达式值是否为 0),并根据判断的结果(真或假)决定执行的语句,选择结构就是用条件语句来实现的。在 McgsPro 嵌入版组态软件的脚本语言中,只有 IF 语句这一种条件语句。

"IF"语句的表达式一般为逻辑表达式,当表达式的值为非 0 时,条件成立,执行"Then"后的语句,否则,条件不成立,将不执行条件块中包含的语句,开始执行条件块后面的语句,如图 4-20 所示。

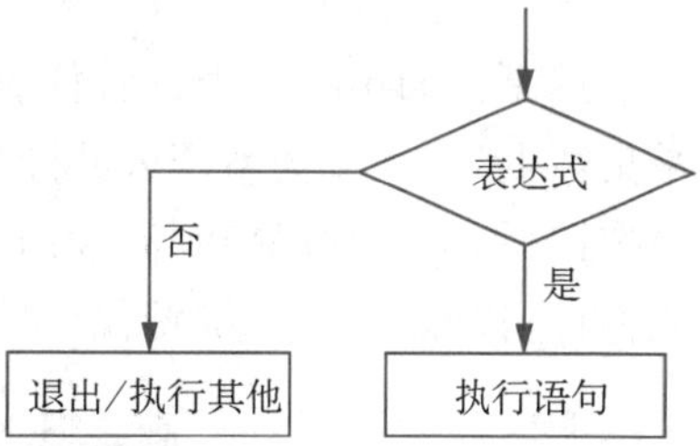

图 4-20 条件语句逻辑

条件语句有以下 3 种形式。

(1) 形式一:

```
If 【表达式】 Then 【赋值语句或退出语句】
```

(2) 形式二:

```
If 【表达式】 Then
   【语句块】
EndIf
```

(3) 形式三：

```
If 【表达式】 Then
   【语句块】
Else
   【语句块】
EndIf
```

条件语句中的四个关键字"If""Then""Else""Endif"不分大小写，但如拼写不正确，检查程序会提示出错信息。

条件语句允许多级嵌套，即条件语句中可以包含新的条件语句，最多可以有八级嵌套。值为字符串的表达式不能作为"if"语句中的表达式。

6. 脚本程序的查错和运行

脚本程序编制完成后，系统首先对程序代码进行检查，以确认脚本程序的编写是否正确。检查过程中，如果发现脚本程序有错误，则会返回相应的信息，以提示可能的出错原因，帮助用户查找和排除错误。常见的提示信息有如下 12 种：组态设置正确、未知变量、未知表达式、未知的字符型变量、未知的操作符、未知函数、函数参数不足、括号不配对、If 语句缺少 Endif、If 语句缺少 Then、Else 语句缺少对应的 If 语句、未知的语法错误。

根据系统提供的错误信息，脚本程序做出相应的改正，系统检查通过，就可以在运行环境中运行，达到简化组态过程、优化控制流程的目的。

任务 4.2　旋转仪表的控制设计

一、任务要求

控制界面中有 2 个旋转仪表，仪表 1 为旋转仪表动画按钮，利用系统提供的模拟设备采集数据，仪表 2 为系统公共图库中的仪表 8，使用脚本程序的方法采集数据，当单击升温按钮后，脚本程序控制温度值增加；当单击降温按钮后，脚本程序控制温度值降低，且仪表指针可动态显示。旋转仪表控制系统画面如图 4-21 所示。

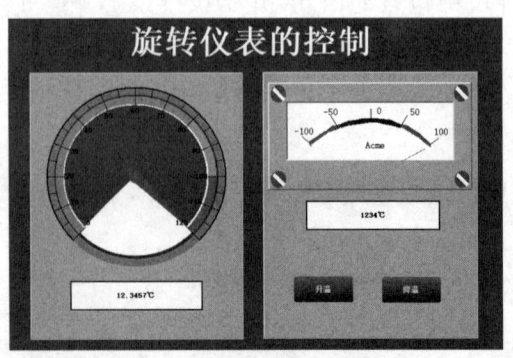

旋转仪表的
控制演示

图 4-21　旋转仪表控制系统画面

二、任务实施

1. 新建工程

左键双击 McgsPro 嵌入版组态软件组态环境的桌面快捷图标,进入 McgsPro 嵌入版组态软件的组态环境。单击工具栏上的"新建"按钮,弹出"工程设置"对话框,在 HMI 配置栏内选择"TPC1021Nt(1024×600)",其他组态配置为默认,单击"确定"按钮,系统自动创建一个名为"新建工程 0.MCP"的新工程。选择"文件"菜单中的"工程另存为"命令,弹出"文件保存"对话框,在"文件名"一栏内,输入"旋转仪表的控制",单击"保存"按钮,工程创建完毕。

2. 制作画面

在窗口界面创建一个标签按钮,在扩展属性页,将文本内输入栏的文字修改为"旋转仪表的控制";在属性设置页,设置标签的静态属性为"没有填充、没有边线",字符颜色设置为"黄色",字体设置为"宋体、粗体、初号"。创建 2 个标准按钮,将按钮文本修改为"升温"和"降温"按钮。创建 2 个文本输入框,用于动态显示温度值。再添加一个仪表,通过"插入元件",弹出"元件库"对话框,选择"公共图库",在"公共图库"中选择"仪表",在公共图库仪表中,选择"仪表 8",如图 4-22 所示。

创建一个旋转仪表,将扇形颜色设置为"青色",如图 4-23 所示。

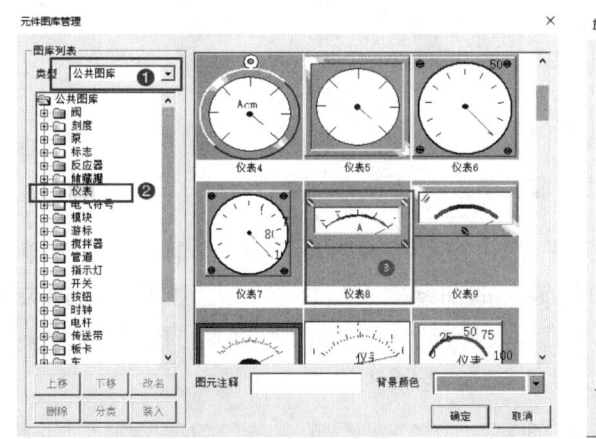

图 4-22 选择"仪表 8"　　　　　图 4-23 扇形颜色设置

3. 创建数据对象

在实时数据库中创建"当前温度"为浮点数的数据对象,创建"当前温度 2"和"温度控制"为整数型数据对象,如图 4-24 所示。

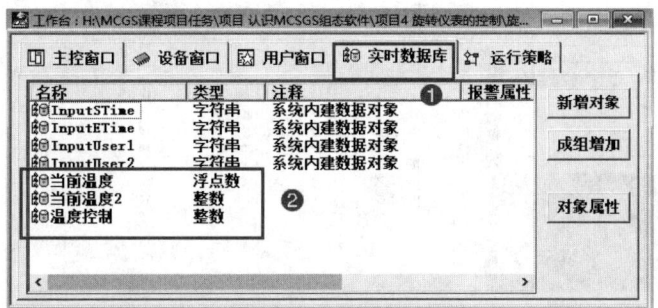

图 4-24 创建数据对象

4. 添加模拟设备

模拟设备可根据设置的参数产生一组模拟曲线的数据,以供用户调试工程使用。本软件中可以产生标准的正弦波、方波、三角波、锯齿波信号,其幅值和周期都可以任意设置。

如图 4-25 所示,先在工作台上单击"设备窗口",再左键双击下方的"设备窗口",弹出"设备窗口"对话框,在设备窗口里右击弹出右键快捷菜单,选择设备工具箱,单击"设备管理",弹出"设备管理"对话框,在对话框中左键双击"模拟设备","模拟设备"就被添加到设备窗口中。

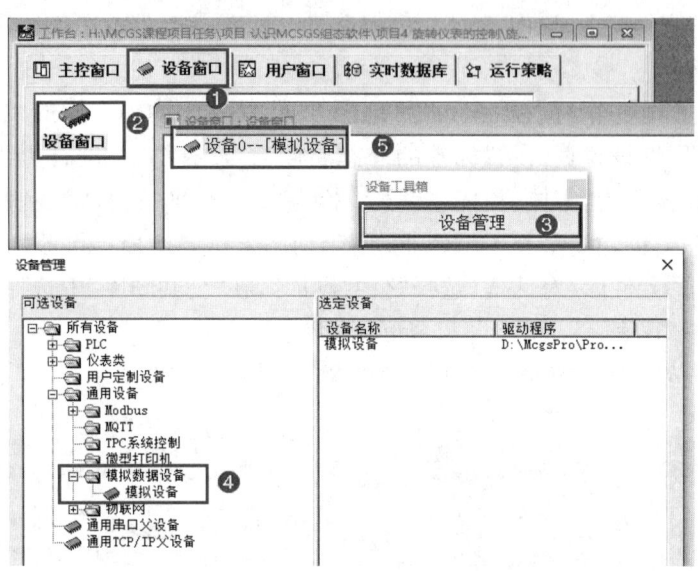

图 4-25 添加模拟设备

如图 4-26 所示,左键双击"模拟设备",弹出设备编辑窗口,在设备编辑窗口里单击"内部属性",弹出"内部属性"对话框,将通道 1 的曲线类型属性修改为"正弦"、数据类型修改为"浮点"、最大值修改为"100"、最小值修改为"0"、周期修改为"20"。再在"设备编辑窗口"中单击连接变量,将数据对象中的"当前温度"连接到通道 0。

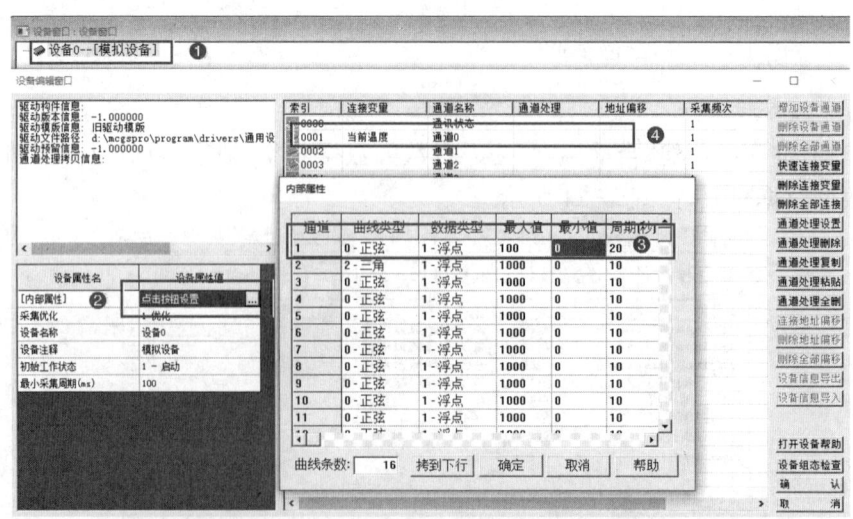

图 4-26 模拟设备通道属性设置

5. 变量连接

左键双击旋转仪表构件进入"旋转仪表构件属性设置"对话框。在操作属性页,单击表达式栏内的"?"按钮,弹出变量选择对话框,选择"当前温度"数据对象,偏移范围栏内,逆时针角度"135"对应值设为"0",顺时针角度"135"对应值设为"120",提示值设为"80",警告值设为"100",如图4-27所示。

左键双击仪表8构件进入仪表8"单元属性设置"对话框。在变量列表页,点击表达式栏内的"?"按钮,弹出变量选择对话框,选择"当前温度2"数据对象,如图4-28所示。

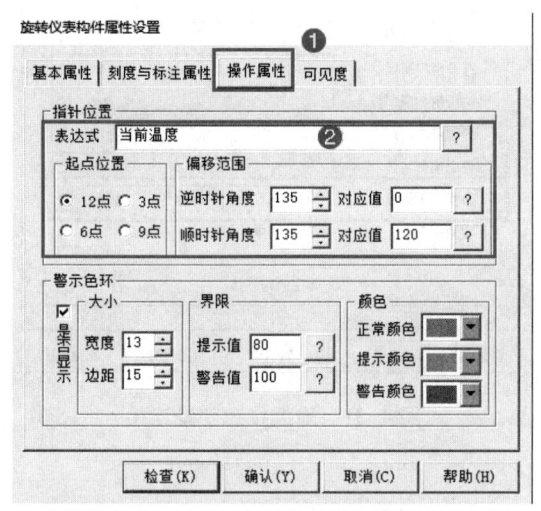

图 4-27 旋转仪表构件属性设置

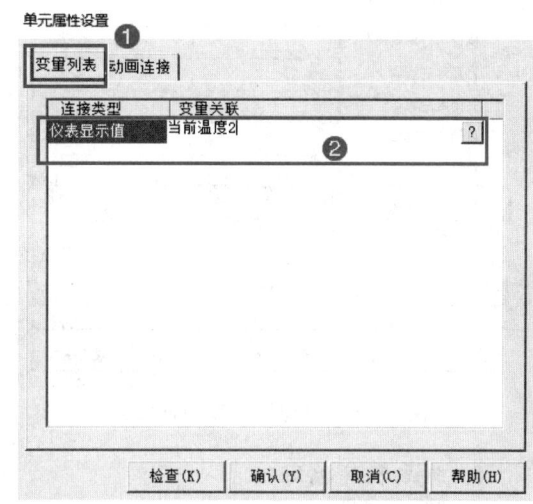

图 4-28 仪表8变量连接

左键双击旋转仪表构件下方的输入框,进入"输入框构件属性设置"对话框。在操作属性页,单击表达式栏内的"?"按钮,弹出变量选择对话框,选择"当前温度"数据对象,勾选单位,在单位框内输入"℃",其他默认设置,如图4-29所示。参照以上方法,设置仪表8下方的输入框。

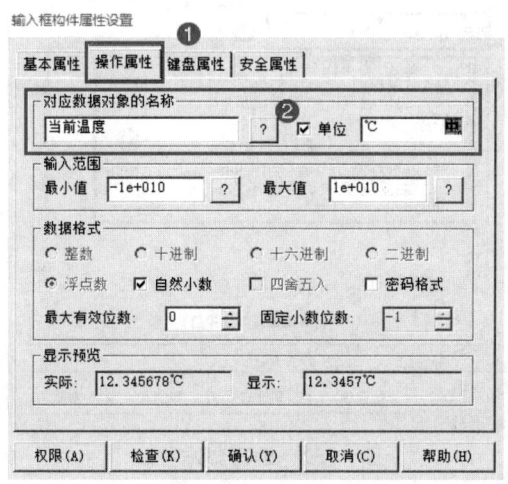

图 4-29 输入框属性设置

左键双击升温按钮,进入"标准按钮件属性设置"对话框。在操作属性页,勾选"数据对象值操作",下拉框中选"置1",单击输入框栏内的"?"按钮,弹出变量选择对话框,选择"温度控制"数据对象,其他默认设置,如图4-30所示。参照以上方法,设置降温按钮,对象值操作设为"清0",如图4-31所示。

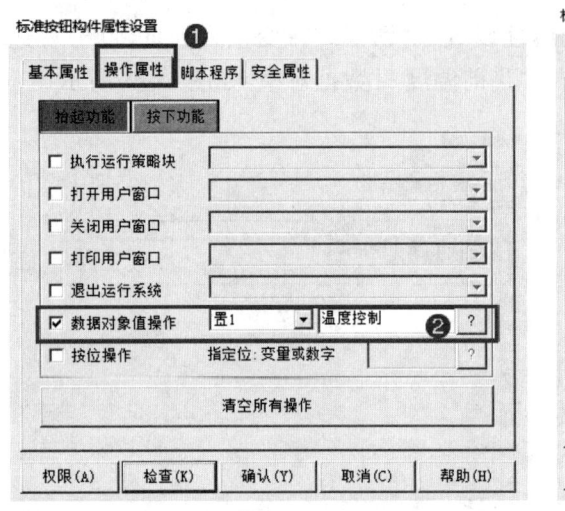

图4-30　升温按钮变量连接　　　　　图4-31　降温按钮变量连接

6. 脚本程序编写

仪表8的温度值在程序运行时通过动态修改实时数据库中数据对象的值实现。左键双击用户窗口的空白处,弹出"用户窗口属性设置"对话框,选择循环脚本页,设置循环时间为100 ms,打开脚本程序编辑器,输入"升温"和"降温"数据对象的脚本程序,单击"确认"按钮,如图4-32所示。

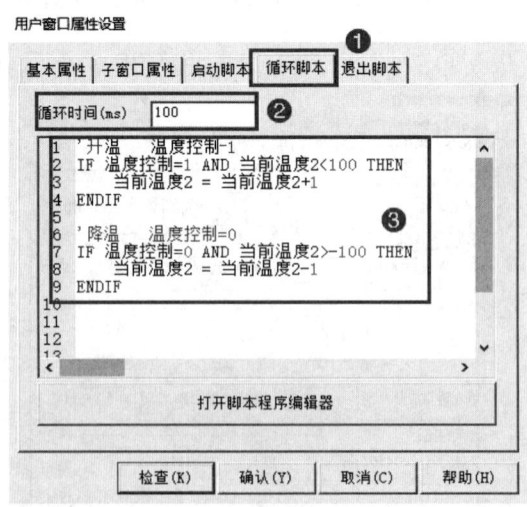

图4-32　编写脚本程序

本任务要求单击"升温"按钮时,当前温度值每100 ms升1℃,到达最大值后,停止升温;

单击"降温"按钮,当前温度值每 100 ms 降低 1℃,降到最小值后,停止降温。脚本程序如下。

```
'升温    温度控制=1
IF 温度控制=1 AND 当前温度2<100 THEN
    当前温度2=当前温度2+1
ENDIF
'降温    温度控制=0
IF 温度控制=0 AND 当前温度2>-100 THEN
    当前温度2=当前温度2-1
ENDIF
```

7. 调试运行

先保存工程文件,在菜单栏中选择"工具"和"模拟运行",弹出"下载配置"对话框,在对话框中,运行方式选择为"模拟",单击"工程下载"按钮,待工程下载完成后,再单击"启动运行",调试运行界面如图 4-33 所示。

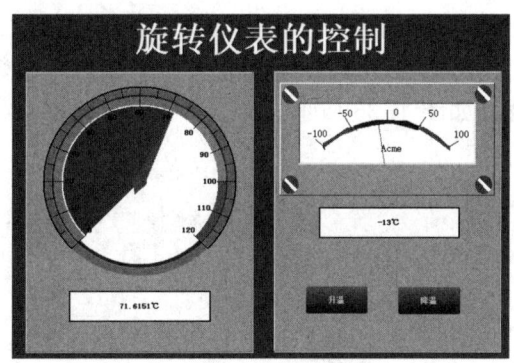

图 4-33 旋转仪表调试运行界面

三、相关知识

1. 旋转仪表

旋转仪表构件是模拟旋转式指针仪表的一种动画图形,用其显示所连接的整数和浮点数变量的值。旋转仪表构件的指针随变量值的变化而不断改变位置,指针所指向的刻度值即为所连接的变量的当前值。

旋转仪表构件的属性

标准的旋转仪表构件本身由圆边、标注、次划线、主划线、警示色环、指针、轴心、背景图和扇形共 9 部分组成,如图 4-34 所示。

旋转仪表构件属性包括基本属性、刻度与标注属性、操作属性及可见度属性 4 种。

1) 基本属性

旋转仪表的外圆称为圆边,其具有 2 个属性,分别为圆边颜色和圆边线型。

旋转仪表指针运动的区域称为扇形。扇形颜色为指针运

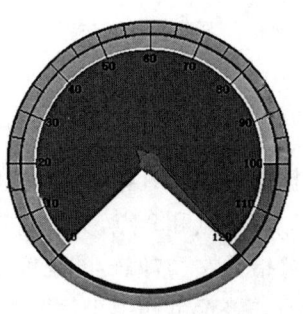

图 4-34 旋转仪表

动后填充的颜色。

旋转仪表的图形称为背景。背景图可从图库中选择,支持 bmp、jpg、png、svg、ico 五种格式。X 偏移和 Y 偏移为背景图在 X 方向和 Y 方向上偏离旋转仪表中心的距离。

旋转仪表的指针有 3 类显示设置,分别为指针样式、指针颜色和指针位置。指针样式可选择线形和四边形 2 种。指针颜色可分别配置指针和轴心的填充颜色。指针位置可通过配置指针的边距、宽度以及偏移长度来确定指针的位置。边距是指针到矩形绘制区域的内切椭圆的距离,偏移长度是指针偏移轴心的距离,可根据实际情况调整这 3 个参数来确定指针的位置和合适的大小,如图 4-35 所示。

2) 刻度与标注属性

旋转仪表盘上的刻度分为主划线和次划线。主划线可设置的参数有数目、颜色、长和宽。数目用于设置主划线在仪表最小值和最大值之间的分段数,颜色用于设置主划线显示的颜色,长宽用于设置主划线显示的长度和宽度。次划线与主划线可设置的参数一样,区别是次划线的数目用于设置次划线在仪表盘上 2 个主划线(每个大格)之间的分段数。

旋转仪表盘上的数值刻度标注属性有 4 个,分别是颜色、间隔和小数位数。颜色和字体用于设置仪表盘上刻度值显示的外观样式。间隔用于设置仪表盘上的刻度值所隔主划线数量的显示,如间隔 2 就是隔两个主划线显示一个刻度值。小数位数用于设置仪表盘上的刻度值显示小数位数,如图 4-36 所示。

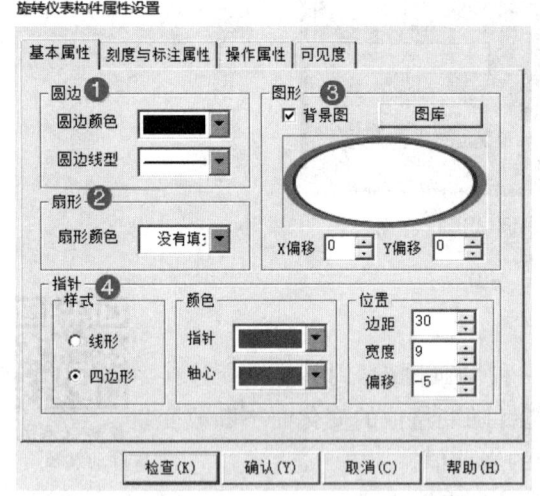

图 4-35 旋转仪表基本属性设置

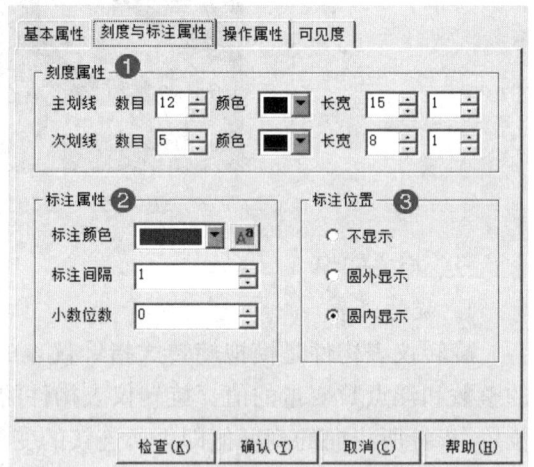

图 4-36 旋转仪表刻度与标注属性设置

3) 操作属性

旋转仪表操作属性可以设置指针位置和警示色环。指针位置表达式用于连接实时数据库的数据对象,变量的值和指针的位置成一一对应的关系。指针的起点位置 12 点、3 点、6 点和 9 点,分别对应 90°、0°、270°和 180°;指针的偏移范围是基于指针起点位置设置指针左、右偏转的角度范围,即指针的边界值。

警示色环用于设置当主划线刻度值大于某设定值时,主划线间隔显示的背景色环。背景色环具有大小、界限和颜色 3 种属性。大小属性里的宽度用于设置色环显示的宽度,边距用于设置显示色环距离旋转仪表最外圆圈的位置。界限由提示值和警告值确定,最小值和提示值之间显示正常色环颜色,提示值和警告值之间显示提示色环颜色,警告值和最大值之间显示警告色环颜色,如图 4-37 所示。

4) 可见度属性

可见度是指旋转仪表在系统运行中是否可见,由指定的表达式的值决定。单击表达式栏内的"?"按钮,弹出变量选择对话框,选择一个所需的数据对象。当表达式为空时,构件可见与构件不可见均无效;当表达式非空时,构件的可见度与表达式的值相对应,如图 4-38 所示。

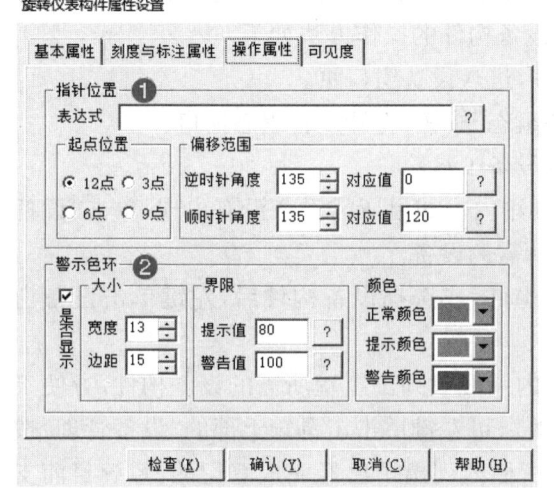

图 4-37 旋转仪表操作属性设置　　　　图 4-38 旋转仪表可见度设置

2. 设备窗口

设备窗口是 McgsPro 嵌入版组态软件的重要组成部分,在设备窗口中建立系统与外部硬件设备的连接关系,使系统能够从外部设备读取数据并控制外部设备的工作状态,实现对工业过程的实时监控。

在 McgsPro 嵌入版组态软件中,实现设备驱动的基本方法:在设备窗口内配置不同类型的设备构件,并根据外部设备的类型和特征,设置相关的属性,将设备的操作方法如硬件参数配置、数据转换、设备调试等都封装在构件之中,以对象的形式与外部设备建立数据的传输通道连接。在系统运行过程中,设备构件由设备窗口统一调度管理。通过通道连接,它既可以为实时数据库提供从外部设备采集到的数据,并提供给系统的其他部分进行控制运算和流程调度,又能利用实时数据库查询控制参数,实现对设备工作状态的实时检测和过程的自动控制。

McgsPro 嵌入版组态软件的这种结构形式使其成为一个"与设备无关"的系统,对于不同的硬件设备,只需定制相应的设备构件,放置到设备窗口中,并设置相关的属性,系统就可对这一设备进行操作,而不需要对整个系统结构进行任何改动。

一个应用系统只有一个设备窗口,运行时,应用系统自动装载设备窗口及其设备构件,并在后台独立运行。对用户而言,设备窗口是不可见的。

在设备窗口内用户组态的基本操作是选择构件和设备配置。

1) 选择构件

设备构件是 McgsPro 嵌入版组态软件对外部设备实施设备驱动的中间媒介,通过建立的数据通道,在实时数据库与测控对象之间,实现数据交换,达到对外部设备的工作状态进行实时检测与控制的目的。

McgsPro 嵌入版组态软件为用户提供了多种类型的"设备构件",可作为系统与外部设备进行联系的媒介。进入设备窗口,从设备构件工具箱里选择相应的构件,配置到窗口内,建立接口与通道的连接关系,设置相关的属性,即完成了设备窗口的组态工作。

McgsPro 嵌入版组态软件系统内部设有"设备工具箱",工具箱内提供了与常用硬件设备相匹配的设备构件。在设备窗口内配置设备构件的操作方法如下。

（1）选择工作台窗口中的"设备窗口"标签,进入设备窗口页。

（2）左键双击设备窗口图标或单击"设备组态"按钮,打开设备组态窗口。

（3）单击工具条中的"工具箱"按钮,打开设备工具箱。

（4）观察所需的设备是否显示在设备工具箱内。如果所需设备没有出现,单击"设备管理"按钮,在弹出的设备管理对话框中选定所需的设备。

（5）左键双击设备工具箱内对应的设备构件,或选择设备构件后,左键单击设备窗口,将选中的设备构件设置到设备窗口内。

McgsPro 嵌入版组态软件的设备工具箱内一般只列出工程所需的设备构件,方便工程使用,如果需要在工具箱中添加新的设备构件,可左键单击工具箱上部的"设备管理"按钮,弹出设备管理窗口,设备窗口的"可选设备"栏内列出了已经完成登记的、系统目前支持的所有设备,找到并选中需要添加的设备构件,左键双击或单击"增加"按钮,该设备构件就添加到右侧的"选定的设备"栏中。选定的设备栏中的设备构件就是设备工具箱中的设备构件,如图 4-39 所示。

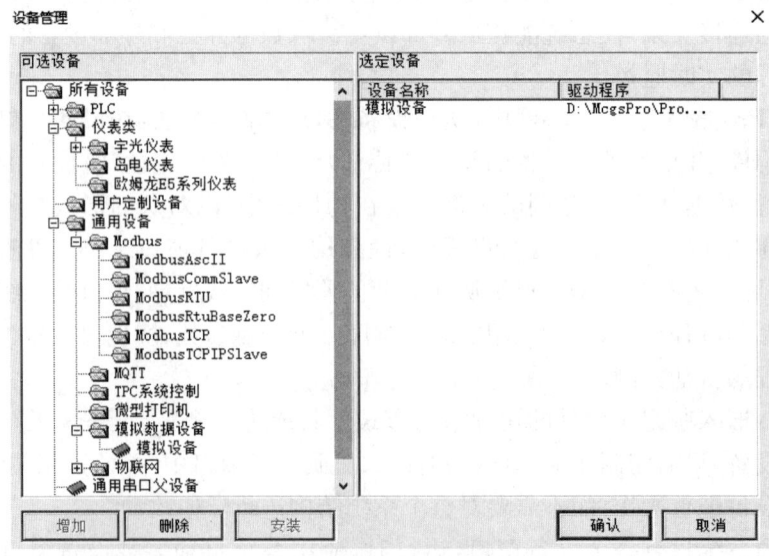

图 4-39　设备管理

2) 设备配置

在设备窗口内配置了设备构件之后,应根据外部设备的类型和性能,设置设备构件的属性。不同的硬件设备,属性内容大不相同,但对大多数硬件设备而言,其对应的设备构件应包括如下各项组态操作。

(1) 设置设备构件的基本属性。

(2) 建立设备通道和实时数据库之间的连接。

(3) 设备数据通道处理内容的设置。

(4) 硬件设备的调试。

McgsPro 嵌入版组态软件的设备中一般都包含有一个或多个用来读取或输出数据的物理通道,McgsPro 嵌入版组态软件把这样的物理通道称为设备通道,如模拟量输入装置的输入通道、模拟量输出装置的输出通道、开关量输入输出装置的输入输出通道等。

设备通道只是数据交换用的通路,而数据输入和读取数据以供输出的位置,即进行数据交换的对象,则必须由用户指定和配置。实时数据库是 McgsPro 嵌入版组态软件的核心,各部分之间的数据交换均须通过实时数据库实现。因此,所有的设备通道都必须与实时数据库连接。所谓通道连接,即由用户指定设备通道与变量之间的对应关系,这是设备组态的一项重要工作。如不进行通道连接组态,则 McgsPro 嵌入版组态软件无法对设备进行操作。

在实际应用中,开始可能并不知道系统所使用的硬件设备,但可以利用 McgsPro 嵌入版组态软件系统的设备无关性,先在实时数据库中定义所需要的变量,组态完成整个应用系统,在最后的调试阶段,再把所需的硬件设备接上,进行设备窗口的组态,建立设备通道和对应变量的连接。

一般说来,设备构件的每个设备通道及其输入或输出数据的类型是由硬件本身决定的,所以连接时,连接的设备通道与对应的变量的类型必须匹配,否则连接无效。

在设备组态窗口内,选择设备构件,单击工具条中的"属性"按钮或执行"编辑"菜单中的"属性"命令或左键双击该设备构件,即可打开选中构件的属性设置窗口,设备编辑窗口由设备的驱动信息、基本信息、通道信息及功能按钮 4 部分组成,如图 4-40 所示。

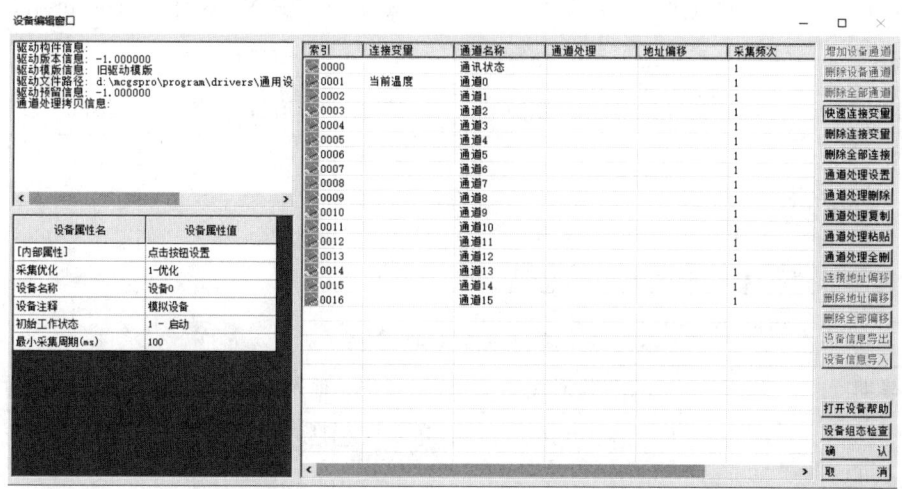

图 4-40 设备编辑窗口

3. 构件属性

每一个动画构件都有 Name、Left、Top、Width、Height、Focus 和 Visible 这 7 个属性。使用者通过这些属性，可以对构件的大小、位置和可见度进行动态设置，如图 4-41 所示。

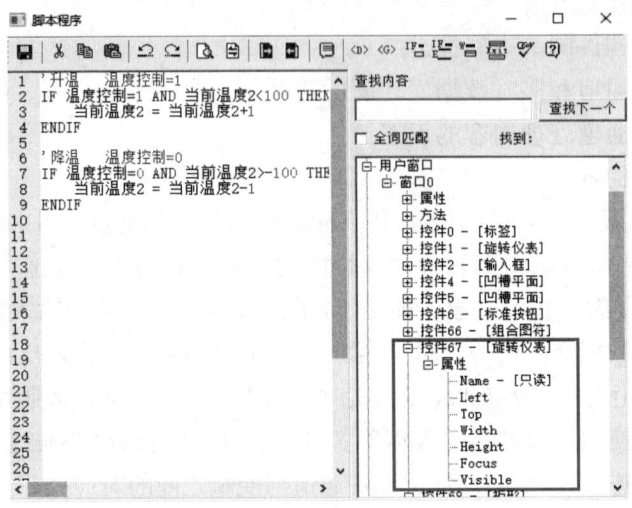

图 4-41 构件属性

以旋转仪表构件为例，在脚本程序中调用构件的属性说明，见表 4-1。

表 4-1 构件属性说明

属性名	含义	数据类型	读写类型	使用方法
Name	构件名	字符串	只读	数据对象=控件 67.Name
Left	构件 X 坐标	整数	读写	窗口 0.控件 67.Left=200
Top	构件 Y 坐标	整数	读写	窗口 0.控件 67.Top=200
Width	构件宽度	整数	读写	窗口 0.控件 67.Width=300
Height	构件高度	整数	读写	窗口 0.控件 67.Height=300
Focus	构件获得焦点	整数	—	窗口 0.控件 67.Focus=1
Visible	构件可见度	整数	读写	窗口 0.控件 67.Visible=1

 项目评价

按表 4-2 进行本项目的评价与总结。

表 4-2 项目评价表

学期	工作形式			他人评分		实际完成时间
	□个人	□小组分工	□小组	□是	□不是	

(续表)

评分内容	评分标准	分数	学生评分	教师评分	得分
小球界面制作	不少于界面构件10分,有创新10分	20分			
小球运动	水平和垂直运动功能各10分	20分			
旋转仪表界面制作	不少于界面构件10分,有创新10分	20分			
旋转仪表显示	指针显示正确30分	30分			
总体调试	系统运行正确,界面美观	10分			
考核时间30分钟	每超时10分钟扣5分				
总分		学生签名: 教师签名: 日　　期:			

思政园地

心忧家国事　读书治学人——吴又芝

吴又芝(1919年6月16日—1974年7月1日),出生于北京,祖籍江苏南京;天津大学精密仪器系的早期创建者之一。他早年求学于西南联合大学数学系,后转入机械系;毕业后,曾先后在桂林中央无线电厂、成都航空委员会无线电厂、汉口航空委员会空军第八地勤中队工作。1947年,他进入北洋大学任教,历任助教、讲师、副教授、实验室主任、教研室主任等职;参与组建天津大学精密仪器系。他精通精密机械仪器与无线电,在精密计量仪器专业方面享有较高声望。

他出生在传统家庭,自幼便熟读四书五经,有心忧家国的君子情怀。他求学西南联大,战火中依然刻苦读书,希望用知识点亮人间的光明。他工作于工厂高校,业务上理论联系实际,博得工友师生们的一致好评。他就是天津大学精密仪器工程系的早期创建者之一,我国著名的精密仪器专家吴又芝。

大学毕业后,怀着报国的信念,吴又芝先后在桂林中央无线电厂、成都航空委员会无线电厂、汉口航空委员会空军第八地勤中队就职,积累了大量的一线工作经验。遇到问题不空谈,而是亲自动手解决,体现了他能"武"的一面。1947年,在北洋大学水利系主任常锡厚的推荐下,吴又芝被聘为北洋大学教师。1955年暑假后,他进入了精密仪器教研室授课教书,并负责教研室电学组的教学管理工作。初见吴先生上台讲课,大家都笑谈"来了一位大师傅"。大概是因为吴又芝身高体胖、为人谦和,所以就有了这个不失诙谐的"大师傅"的称谓吧。"大师傅"讲起课来可不含糊。平日里沉默寡言的吴又芝一站上三尺讲台就仿佛变了一个人,据当时的学生回忆,精密仪器系的老师大多善于讲课,而吴又芝先生的《机械原理》课尤为精彩,讲得深入浅出,令学生受益匪浅。除做好《机械原理》等课程的教学工作外,吴又芝还花费了大量的时间进行科研工作。他通晓英文、俄文,能够熟练地阅读外文文献,了解世界前沿的学科知识。他曾经在《天津大学学报》上发表了《轮廓计的主要线路》《量仪杠杆机构的仪器方程式》等文章。从1959年起,他开始招收研究生,培养了一批仪器仪表行业骨干力量,为发展我国教育事业作出了突出贡献。1974年7月,他因病逝世,结束了自己短暂而光辉的一生。

——《天津大学报》(2023年12月30日4版)

 练习与思考

1. McgsPro 嵌入版组态软件如何建立模拟设备?
2. McgsPro 嵌入版组态软件中模拟设备有哪几个曲线?
3. 什么是 McgsPro 嵌入版组态软件的实时数据库?
4. McgsPro 嵌入版组态软件中数据对象的属性设置有哪几种?

项目 5

交通灯的控制

学习目标

1. 知识目标

(1) 掌握 McgsPro 嵌入版组态软件复杂动画效果的实现方法;
(2) 掌握 McgsPro 嵌入版组态软件复杂动画设计的基本方法;
(3) 掌握 McgsPro 嵌入版组态软件工程用户的安全管理;
(4) 掌握脚本程序以及函数的使用方法。

2. 能力目标

(1) 掌握脚本程序编辑器的操作方法;
(2) 能够实现交通灯的监控动画显示;
(3) 能够利用数据对象和脚本程序控制图元;
(4) 能够完成 PLC 的 I/O 分配、实时数据库的创建;
(5) 能够完成 PLC 和 HMI 的系统调试,优化控制逻辑。

3. 素质目标

(1) 培养学生文献检索能力和动手实践能力;
(2) 激发浓厚的学习兴趣,培养严谨的学习态度;
(3) 培养良好的职业道德;
(4) 培养学生的独立工作能力和自学能力;
(5) 提高团队合作能力与沟通能力。

项目描述

本项目需要设计一个十字路口交通灯的监控环境。按下启动按钮后,系统启动。在东西方向红灯亮 20 s 的时间内,南北方向红、绿、黄灯的显示顺序:绿灯亮 12 s、绿灯闪 6 s 和黄灯亮 2 s。在南北方向红灯亮 20 s 的时间内,东西方向红、绿、黄灯的显示顺序:绿灯亮 12 s、绿灯闪 6 s 和黄灯亮 2 s。以上过程交替进行。

项目实施

任务 5.1　窗口跳转与用户权限组态设计

一、任务要求

组态一个带有权限限制功能的按钮,单击后弹出用户登录对话框,需要在对话框内进行用户选择和密码输入,只有具备权限的用户输入正确密码后方可进入系统控制界面,如图 5-1 所示。

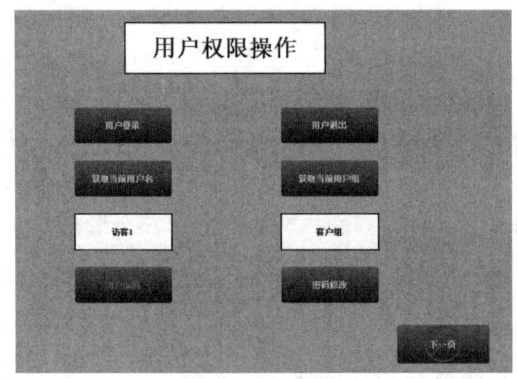

图 5-1　用户权限操作

用户权限操作的功能如下:

(1) 系统运行时,直接进入运行界面,无须用户登录。当单击用户登录按钮时,弹出用户登录对话框。

(2) 当登录用户有权限且密码正确时,"用户编辑"和"下一页"按钮可用。

二、任务实施

1. 新建工程

左键双击 McgsPro 嵌入版组态软件组态环境的桌面快捷图标,进入 McgsPro 嵌入版组态软件的组态环境。单击工具栏上的"新建"按钮,弹出"工程设置"对话框,在 HMI 配置栏内选择"TPC1021Nt(1024×600)",其他组态配置为默认,点击"确定"按钮,系统自动创建一个名为"新建工程 0. MCP"的新工程。选择"文件"菜单中的"工程另存为"命令,弹出文件保存对话框,在"文件名"一栏内,输入"用户权限操作",单击"保存"按钮,工程创建完毕。

2. 界面设计

如图 5-1 所示,在窗口界面,创建 7 个标准按钮,将按钮文本修改为"用户登录""用户退出""获取当前用户名""获取当前用户组""用户编辑""密码修改"和"下一页"按钮。创建 3 个标签按钮,其中一个修改为"用户权限操作",将按钮和标签调整到合适位置、大小。在用户窗口界面,再创建一个"窗口 1"的用户窗口,在窗口里创建一个标准按钮并将按钮修改为"上一页",如图 5-2 所示。

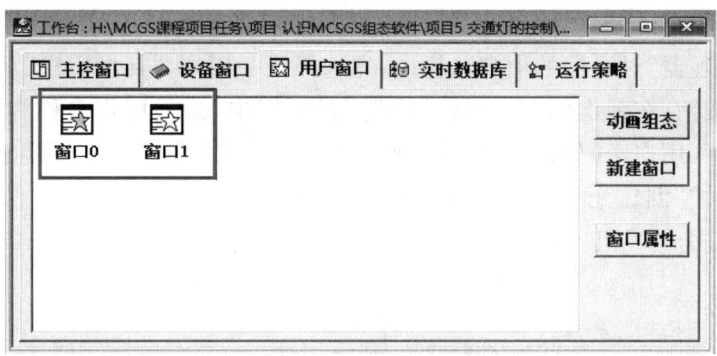

图 5-2 用户窗口

3. 创建数据对象

在实时数据库中创建 3 个数据对象,"当前用户名"和"当前用户组"为字符串型,"用户权限"为整数型,如图 5-3 所示。

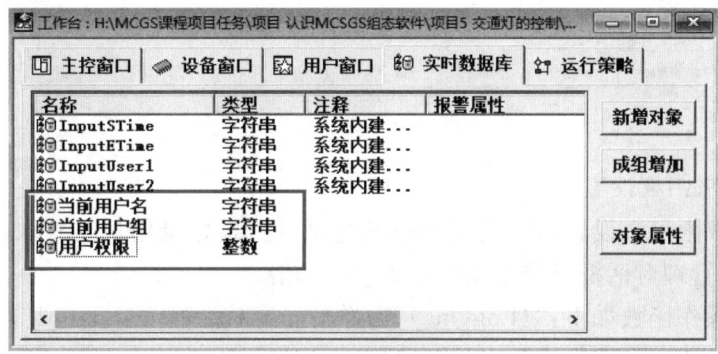

图 5-3 创建数据对象

4. 用户权限管理

选择菜单栏中的"工具",弹出下拉菜单,选择"用户权限管理"命令,弹出"用户管理器"对话框。只有先在用户组名栏内,选择任一用户组,"新增用户组"功能才可用。单击"新增用户组"按钮,在弹出的"用户组属性设置"对话框中,输入用户组名称为"客户组",用户描述为"访客",单击"确认"按钮后"客户组"创建完毕。操作流程界面如图 5-4 所示。

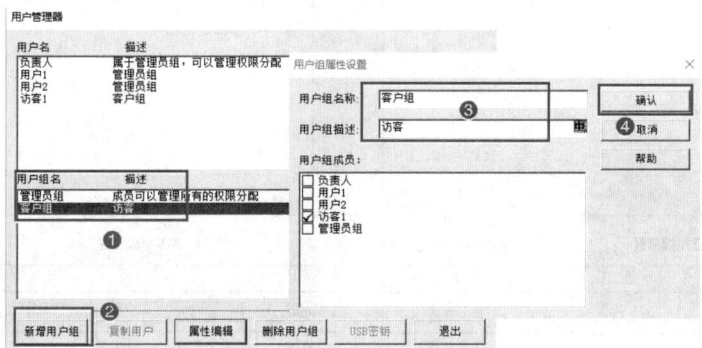

图 5-4 新增用户组

5. 新增用户

在"用户管理器"对话框的用户名栏内,先选择任一用户,"新增用户"功能才可用。单击"新增用户"按钮,在弹出的"用户属性设置"对话框中,输入用户名称为"访客1",用户描述为"客户组",用户密码为"1",确认密码为"1"。在隶属用户组栏内勾选"客户组",单击"确认"按钮后""创建完毕。操作流程界面如图 5-5 所示。同样的方法可创建隶属于"管理员组"的"用户 1"和"用户 2"。

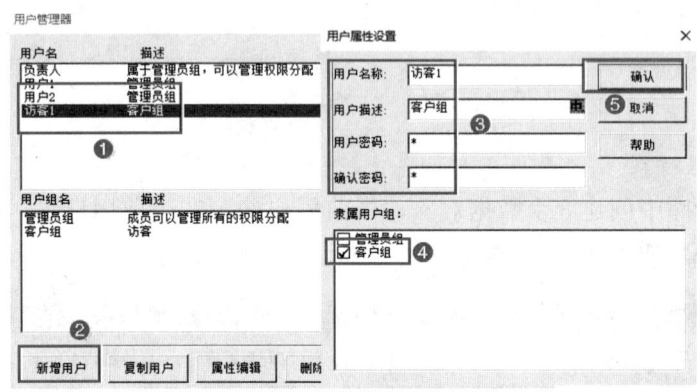

图 5-5　新增用户

6. 用户权限函数设置

通过用户权限函数设置可以实现用户的登录、退出、登录用户名获取、登录用户组名获取、打开用户管理对话框及登录用户密码修改功能。

用户权限操作函数如下:"!LogOn()"为弹出登录对话框,"!LogOff()"为注销当前用户,"!GetCurrentUser()"为读取当前登录用户的用户名,"!GetCurrentGroup()"为读取当前登录用户的所在用户组名,"!Editusers()"为弹出用户管理窗口,供有子用户组的操作者配置用户,"!ChangePassword()"为弹出改变密码窗口,供当前登录的用户修改密码,如图 5-6～图 5-11 所示。

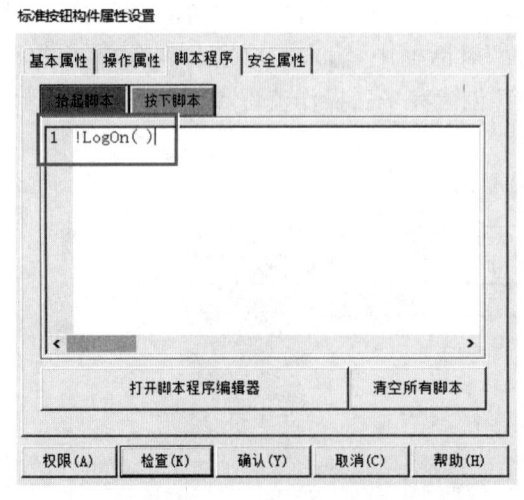

图 5-6　用户登录函数

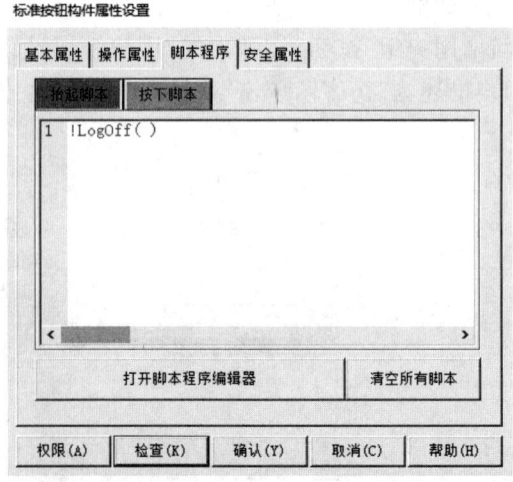

图 5-7　用户退出函数

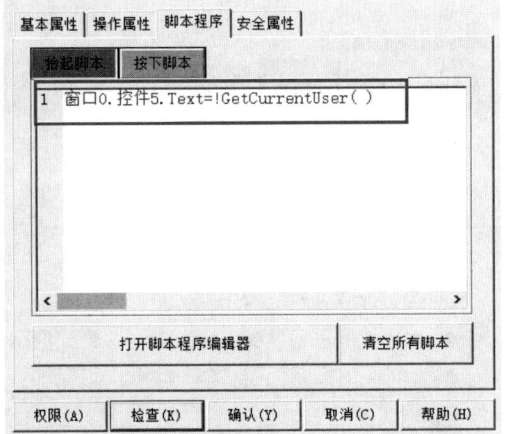
图 5-8 读取当前登录用户的用户名函数

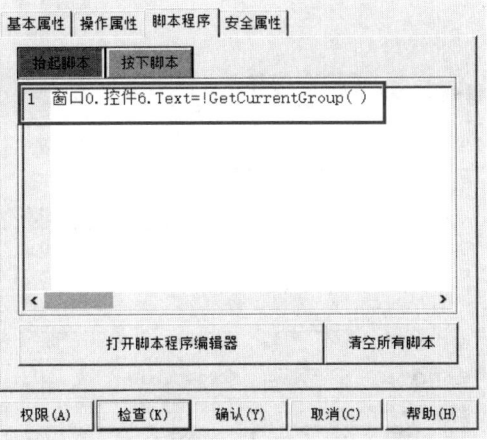
图 5-9 读取当前登录用户名的所在用户组函数

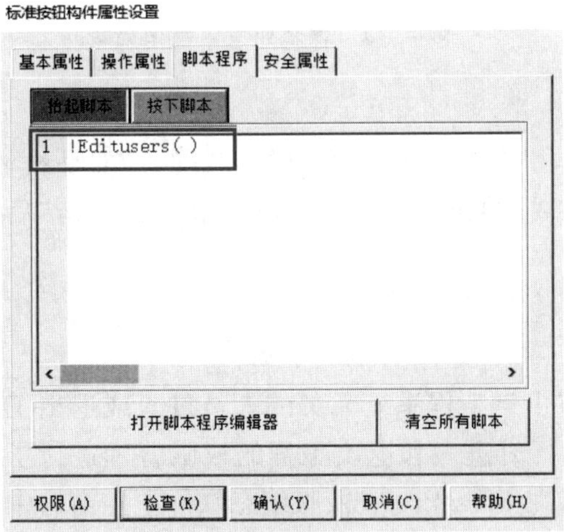

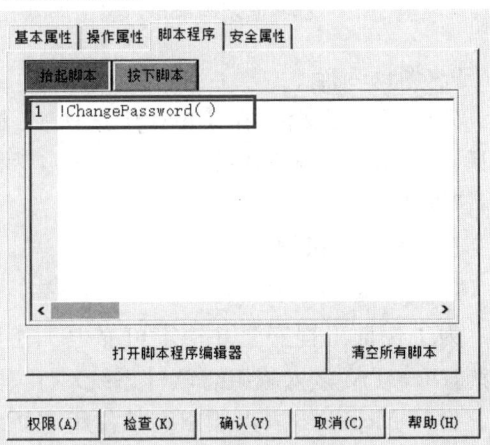

图 5-10 配置用户函数

图 5-11 用户密码修改函数

7. 用户窗口调用方法

为了在工程运行过程中打开其他用户窗口，本任务中使用窗口 Open 的操作方法。如调用"用户窗口.窗口1.Open()"，打开窗口名为"窗口1"的用户窗口，如图 5-12 所示。

8. 变量选择

左键双击当前用户名标签进入"标签动画组态属性设置"对话框。在属性设置页，勾选输入输出连接栏内的"显示输出"。在显示输出属性页，在显示类型栏内，选择"字符串输出"，单击表达式栏内的"?"按钮，弹出变量选择对话框，选择"当前用户名"数据对象，如

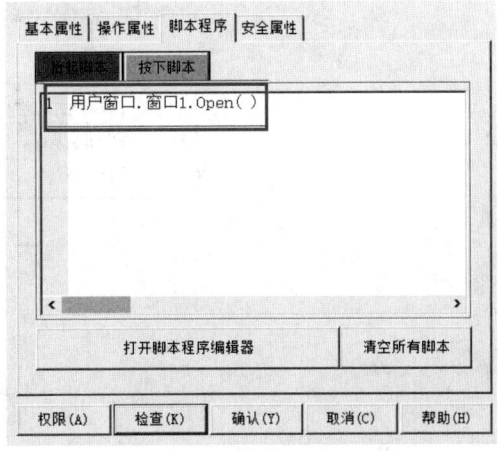

图 5-12 打开窗口方法

图 5-13 所示。按相同方法设置当前用户组标签，如图 5-14 所示。

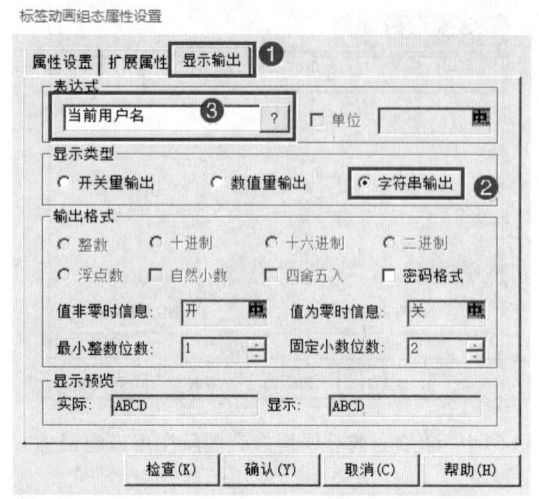

图 5-13　标签显示当前用户名　　　　图 5-14　标签显示当前用户组

9．调试运行

先保存工程文件，在菜单栏中选择"工具"和"模拟运行"，弹出"下载配置"对话框，在对话框中，运行方式选择为模拟，点击"工程下载"按钮，等工程下载完成后，再点击"启动运行"即可。

三、相关知识学习

1．系统权限设置

为了保证工程安全并稳定可靠地工作，防止与工程系统无关的人员进入或退出工程系统，McgsPro 嵌入版组态软件系统对工程运行时进入和退出工程的权限管理进行了设置。打开 McgsPro 嵌入版组态软件组态环境，在 McgsPro 嵌入版组态软件主控窗口中设置系统属性，如图 5-15 所示。

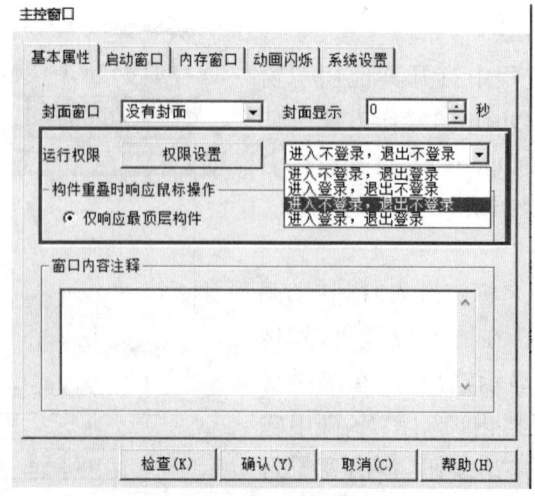

图 5-15　主控窗口属性设置

单击权限下拉框,共4种组合:"进入不登录,退出登录""进入登录,退出不登录""进入不登录,退出不登录"和"进入登录,退出登录"。通常情况下,系统默认选择为"进入不登录,退出不登录"。

单击"权限设置"按钮,弹出用户权限设置对话框,作为默认设置,能对某项功能进行操作的是所有用户。如果选择对应的用户组,则该组内的所有用户可对该项工作进行操作;若勾选"权限不匹配时弹出提示框",当其他用户不具备操作权限时,会弹出提示对话框,如图 5-16 所示。

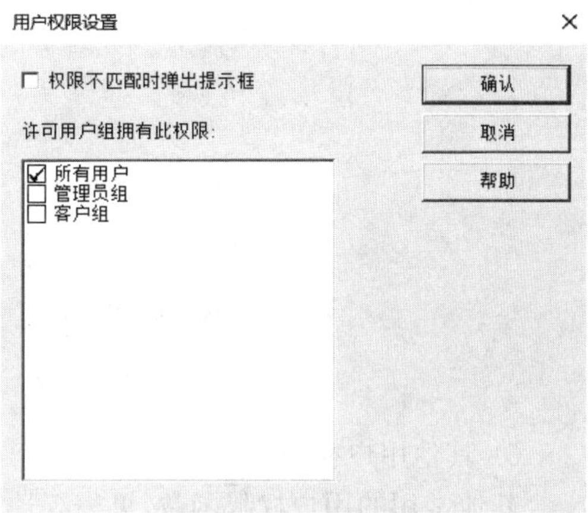

2. 用户权限函数

在 McgsPro 嵌入版组态软件中,可以通过脚本函数来实现用户的登录、退出、登录用户名获取、登录用户组名获取、打开用户管理对话框及登录用户密码修改。

图 5-16 用户权限设置

1) 进入登录函数!LogOn()

在脚本程序中执行该函数,弹出组态软件登录窗口。从用户名下拉框中选取要登录的用户名,在密码输入框中输入用户对应的密码,单击"确认"按钮,若输入正确,则登录成功,否则会出现对应的提示信息,如图 5-17 所示。

2) 退出登录函数!LogOff()

在脚本程序中执行该函数,若当前已有用户登录,则弹出提示框,提示是否要退出登录。若当前无用户登录,提示当前没有登录用户。

3) 修改密码函数!ChangePassword()

在脚本程序中执行该函数,则弹出修改密码窗口,先输入旧的密码再输入两遍新密码,单击"确定"按钮即可完成当前登录用户的密码修改工作,如图 5-18 所示。

图 5-17 用户登录对话框   图 5-18 修改密码函数对话框

4) 用户管理函数!Editusers()

在脚本程序中执行该函数,则弹出"用户管理"对话框,允许在运行时增加、删除用户或修改用户的密码和所隶属的用户组。运行时不能增加、删除或修改用户组的属性,如图 5-19 所示。

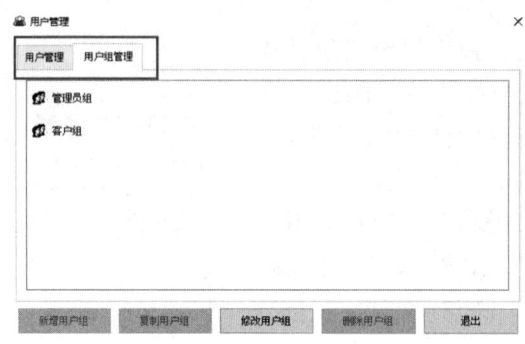

图 5-19　用户管理器对话框

5) 其他用户权限函数

其他常用的用户权限函数,见表 5-1。

表 5-1　用户权限函数说明

函数名	函数作用
!CheckUserGroup(strUserGroup)	检查当前登录的用户是否属于 strUserGroup 用户组的成员
!EnableExitLogon(n)	打开/关闭退出时的权限检查
!GetCurrentGroup()	读取当前登录用户的所在用户组名
!GetCurrentUser()	读取当前登录用户的用户名
!SilentLogOn(strName, strPassword, method, time)	静默登录,不弹出用户登录对话框
!SilentLogOff()	静默注销,不弹出注销确认对话框
!SilentChangePassword(strName, strNewPassword)	静默修改用户密码,不弹出修改密码对话框
!LogOnByUSB()	使用 USB 密钥登录
!ExportUserToUSB()	将运行环境的用户信息导出至 USB 存储设备
!ImportUserByUSB(ImportFlag)	从 USB 存储设置导入用户信息
!GetUserList(separator, groupName)	获取指定用户组内的所有用户名列表,并以指定的分隔符进行分隔
!CopyUser(name, password, description, target)	复制一个用户,新用户与被复制的用户具有完全一致的用户组权限

3. 工程密码设置

工程密码设置是防止该工程不被其他人打开、使用或修改。

在"工具"下拉菜单中单击"工程密码设置",则弹出"修改工程密码"窗口,完成密码修改后单击"确认"按钮,工程加密即可生效,下次打开该工程时需要输入密码,如图 5-20 所示。

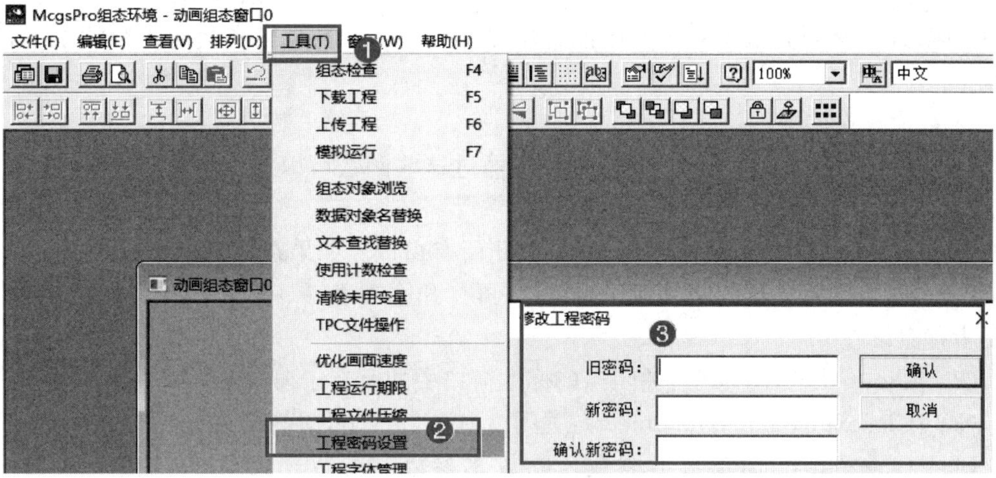

图 5-20　工程密码设置对话框

4．运行环境函数

在 McgsPro 嵌入版组态软件中,涉及运行环境操作的函数大致可以分为 5 类:数组操作函数、运行策略函数、窗口操作函数、系统操作函数、操作日志函数。

1) 数组操作函数

以下 7 个函数是针对数组的操作函数,通过这些函数可以对数组进行设置大小、获取大小、复制、追加、添加元素等操作。

(1) !ArrayGetSize(array):获取数组 array 的大小。

(2) !ArrayResize(array,length):设置数组 array 的大小为 length。

(3) !ArrayCopy(ArrDes,ArrSrc):把一个数组 ArrSrc 的内容复制到另外一个数组 ArrDes 中去,二者必须是同一类型,目标数组的大小也跟源数组一致。

(4) !ArrayAppend(Arr1,Arr2):把一个数组 Arr2 追加到另外一个数组 Arr1 的后面。要求两个数组类型一致,数组大小变为两个数组大小之和。

(5) !ArrayIntAdd(Arr,n):在一个整数型数组 Arr 后面添加一个整数元素 n,数组大小加 1。

(6) !ArraySingleAdd(Arr,x):给一个浮点数组 Arr 添加一个浮点数元素 x,数组大小加 1。

(7) !ArrayStringAdd(Arr,str):给一个字符串数组 Arr 添加字符串元素 str,数组大小加 1。

2) 运行策略函数

以下 3 个函数是针对运行策略的操作函数。

(1) !ChangeLoopStgy(StgyName,n):改变循环策略的循环时间。

(2) !SetStgy(StgyName):执行 StgyName 指定的运行策略。该函数是异步执行的策略,使用该函数时,函数中的策略 StgyName 和函数所在行的下一行脚本程序可以同时执行。

（3）!SetStgyMode(StgyName)：以模态方式执行策略。该函数是同步执行的策略，使用该函数时，必须先执行完函数中的策略 StgyName 才会执行函数所在行的下一行脚本程序。

3）窗口操作函数

以下 7 个函数为针对窗口的操作函数，通过这些函数可以对窗口执行关闭、显示、获取状态、获取名字等操作。

（1）!CloseAllWindow(WndName)：关闭所有窗口。如果在字符串"WndName"中指定了一个窗口，则首先要关闭其他所有窗口，再打开这个窗口。如果"WndName"为空，则关闭所有窗口。

（2）!CloseAllSubWnd()：关闭当前标准窗口中的所有子窗口。

（3）!CloseSubWnd(WndObject)：关闭窗口名为"WndObject"的子窗口。

（4）!OpenSubWnd(参数 1,参数 2,参数 3,参数 4,参数 5,参数 6)：在当前窗口中打开子窗口。

（5）!GetWindowName(Index)：按用户窗口组态时排列的顺序获得用户窗口的名字。

（6）!GetWindowState(WndObject)：根据用户窗口名获取窗口工作状态。

（7）!SetWindow(WndObject,Op)：按照名字操作用户窗口，如打开、关闭、打印。

说明：当函数!OpenSubWnd 的"参数 6"为 1 时表示"以模态模式"打开子窗口，为 2 时表示以"菜单模式"打开子窗口。"参数 6"的更多信息，请查看 McgsPro 组态软件的相关帮助信息。

4）系统操作函数

下面 15 个函数为系统相关的操作函数，通过这些函数可以执行获取当前工程运行期限状态、最后鼠标操作时机等与系统相关的操作。

（1）!GetExpiryStatus()：获取当前工程的运行期限状态。0 为工程未到期；1 为已到期。

（2）!GetLastMouseActionTime()：获取最后一次鼠标的动作发生的时间。

（3）!SetDevice(DevName,DevOp,CmdStr)：按照设备名字对设备进行操作。

（4）!Beep()：发出嗡鸣声。

（5）!SendKeys(string)：将一个或多个按键消息发送到活动窗口，如同在键盘上进行输入。

（6）!SetTime(n1,n2,n3,n4,n5,n6)：设置当前系统时间。

（7）!GetCurrentLanguageIndex()：获取当前使用的语言的索引值。

（8）!SetCurrentLanguageIndex(整数)：通过索引项设定当前语言环境。

（9）!GetLocalLanguageStr(整数)：获得指定自定义 ID 对应的当前语言的内容。

（10）!GetLanguageNameByIndex(整数)：根据语言索引值返回语言名称。

（11）!PrintToFile(folder, filename, flag)：截屏输出到文件。

（12）!SetDialogBy9Palace(对话框索引,对话框大小等级,九宫格模拟弹出方位)：根据需要调整键盘或指定模态对话框的大小和九宫格弹出位置。

(13) !SetDialogByXYPosition(对话框枚举,对话框大小等级,X 轴弹出方位,Y 轴弹出方位):根据需要调整键盘或指定模态对话框的大小和 X、Y 轴弹出位置。

(14) !PrinterSetup():调用打印设置。

(15) !Sleep(interval):暂停指定的时间,单位为毫秒。

5) 操作日志函数

以下 4 个函数为与操作日志相关的函数,通过这些函数可以执行操作日志的导出、清除、开启、关闭。

(1) !ExportOperationLogToCSV(文件名,开始时间,结束时间,导出模式):导出操作日志到 csv 文件。

(2) !OperationLogClear():清除所有的操作日志。

(3) !OperationLogDisable():关闭操作日志功能,最小执行间隔 3 s,频繁调用无效。

(4) !OperationLogEnable():开启操作日志功能,最小执行间隔 3 s,频繁调用无效。

任务 5.2　交通灯监控系统设计

一、任务要求

设计一个 PLC 控制的交通信号灯监控系统,完成控制系统组态界面、程序设计和运行调试。要求通过 S7-1200 PLC 实现逻辑控制、通过 McgsPro 嵌入版组态软件完成模拟界面运行。运行界面如图 5-21 所示。

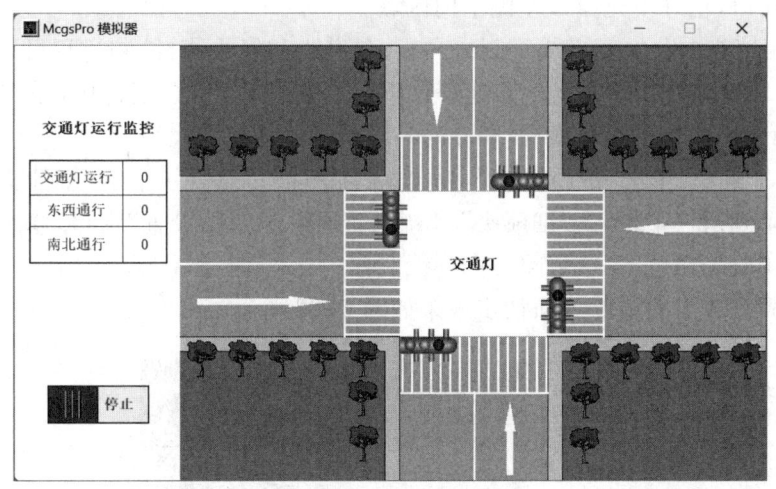

图 5-21　交通灯运行界面

交通灯控制要求如下。

(1) 启动交通灯控制,单击"运行/停止"按钮,东西、南北方向交通灯按照以下方式连续运行:东西方向为东西红灯亮 20 s ⟶ 东西绿灯亮 15 s,闪 3 s ⟶ 东西黄灯亮 2 s;南北方向为南北绿灯亮 15 s,闪 3 s ⟶ 南北黄灯亮 2 s ⟶ 南北红灯亮 20 s,循环执行。

(2)停止交通灯控制,单击电机"停止/运行"按钮,所有指示灯熄灭。

(3)监控表格实时显示系统运行状态。

二、任务实施

1. 新建工程

左键双击 McgsPro 嵌入版组态软件的桌面快捷图标,进入 McgsPro 嵌入版组态软件的组态环境。单击工具栏上的"新建"按钮,弹出"工程设置"对话框,在 HMI 配置栏内选择"TPC1021Nt(1024×600)",其他组态配置为默认,单击"确定"按钮,系统自动创建一个名为"新建工程0.MCP"的新工程。选择"文件"菜单中的"工程另存为"命令,弹出"文件保存"对话框,在"文件名"一栏内,输入"交通灯控制",单击"保存"按钮,工程创建完毕。

2. 组态界面设计

(1)在用户窗口中新建一个窗口"交通灯控制",左键双击该窗口进入"动画组态窗口"编辑界面。选择工具箱内的"标签"工具,在窗口绘制矩形框,左键双击矩形框修改填充颜色为土黄色,复制该矩形框,长度、宽度各减小 10 个像素,填充颜色改为绿色,两个矩形框叠放在一起,绿色矩形框在上方。同时选中 2 个矩形框,依次单击绘图编辑条"左边界对齐"按钮、"顶边界对齐"按钮,再单击"构成图符"按钮(对齐方式、构成图符操作也可通过单击右键弹出菜单完成),完成路边区域制作。复制该图符,应用"Y 翻转"(上下镜像)、"X 翻转"(左右镜像)、"左旋 90°"、"右旋 90°"完成另外 3 个路边区域设计及摆放。选择工具箱内的"标签"工具,绘制矩形框,修改填充颜色为白色、没有边线,文本内容输入"交通灯",调整矩形框大小并放置到窗口,作为标题标签,正好填充十字路口中央矩形区域。选择工具箱"矩形"工具,绘制矩形框,修改填充颜色为白色、没有边线,调整矩形框大小并放置到窗口,正好填充窗口左侧空白区域。

(2)利用填充白色加宽直线绘制斑马线、车道线和停止线,绘制过程可采用绘图工具编辑条中"多重复制"和旋转等方法提升效率。绘制完成后,全部选中,单击工具箱中的"置于最后面",使其置于窗口底层,防止对后续图元产生遮挡。

(3)在"工具箱"单击"常用符号",弹出"常用图符"工具栏,单击"细箭头",拖拽并调整大小后放置到窗口中,单击"细箭头",弹出"动画组态属性设置"窗口,修改"填充颜色""边线颜色"均改为白色,完成道路方向标线制作。

以上步骤完成后的道路界面初步效果如图 5-22 所示。

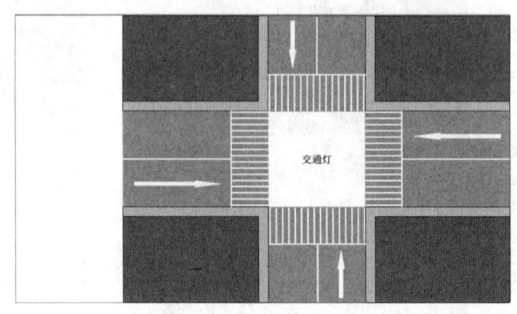

图 5-22 道路界面初步效果

（4）单击工具箱的"插入元件"图标，弹出"元件图库管理"对话框。在公共图库类型"其他"类别中找到树，如图 5-23 所示。

调整"树"元件至合适大小，使用"多重复制"排列多个"树"至窗口中相应位置。交通灯界面非动画部分，如图 5-24 所示。选中全部图符，单击工具栏编辑条"锁定/解锁"图标，锁定界面，防止对后续操作产生影响。

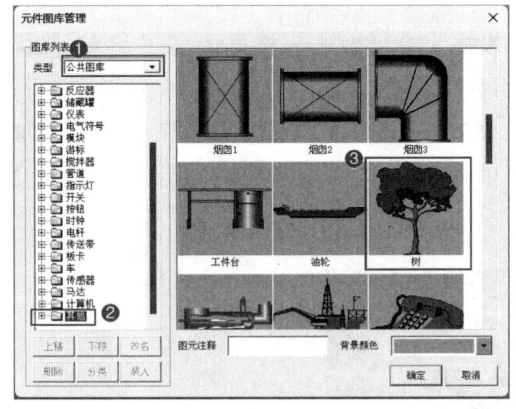

图 5-23　添加"树"元件

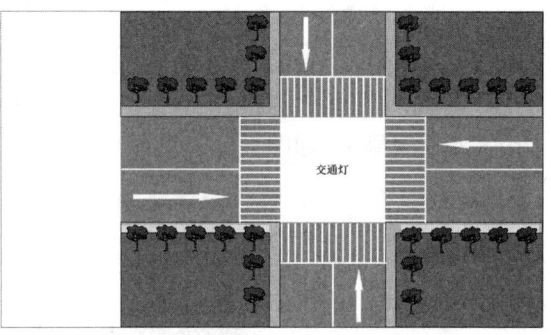

图 5-24　交通灯界面非动画部分

（5）单击工具箱中的"插入元件"图标，弹出"元件图库管理"对话框。在公共图库类型"指示灯"类别中找到"指示灯 7"，调整大小、旋转方向，放置到窗口中合适的位置。

单击工具箱中的"动画按钮"图标，添加一个动画按钮构件作为系统"运行/停止"控制按钮，放置在窗口左侧空白界面下方。左键双击动画按钮构件，弹出"动画按钮构件属性设置"窗口，选择基本属性页，"分段点"选中"0"，单击"文字"标签，"文本列表"选中"文本 0"，文本内容输入"停止"，调整对齐方式，使文本显示在构件左侧中部，如图 5-25 所示。

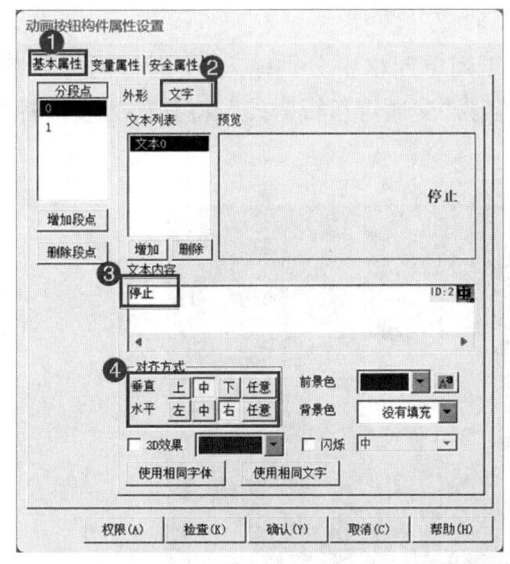
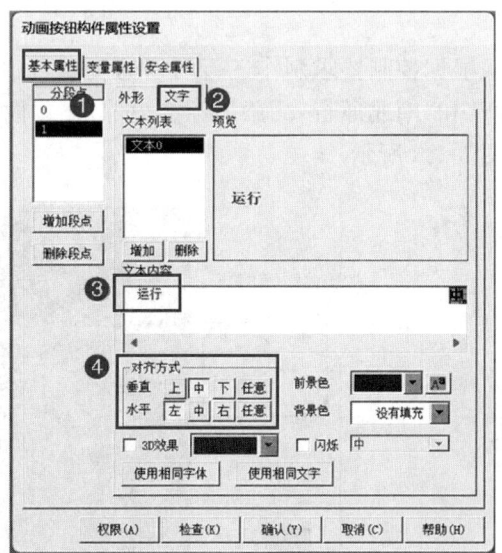

图 5-25　动画按钮基本属性设置

按照同样的方法设置"分段点"1 的文本内容为"运行"及其对齐方式为左中。单击设置好的动画按钮,运行组图界面可显示不同的运行状态,如图 5-26 所示。

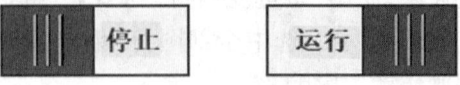

图 5-26　动画按钮

单击工具箱"报表"按钮,在窗口中绘制一个表格。左键双击表格进入编辑状态,鼠标指针移动到 C1 与 C2 或 R1 与 R2 之间,鼠标指针呈分割线形状,可拖动鼠标调整表格行、列大小。保持表格编辑状态,右键单击弹出下拉菜单,通过"增加一行""删除一行""增加一列""删除一列"制作需要的表格,可通过"设置单元格格式"调整表格"边框颜色""填充颜色"等外观显示,如图 5-27 所示。

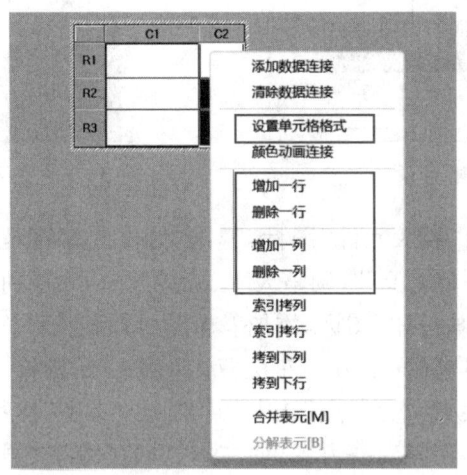

图 5-27　制作报表表格

根据控制要求制作三行两列的表格,在 C1 列单元格中分别输入"交通灯运行""东西通行"和"南北通行"。添加标签组件,文本内容为"交通灯运行监控",将其作为表格标题,如图 5-28 所示。

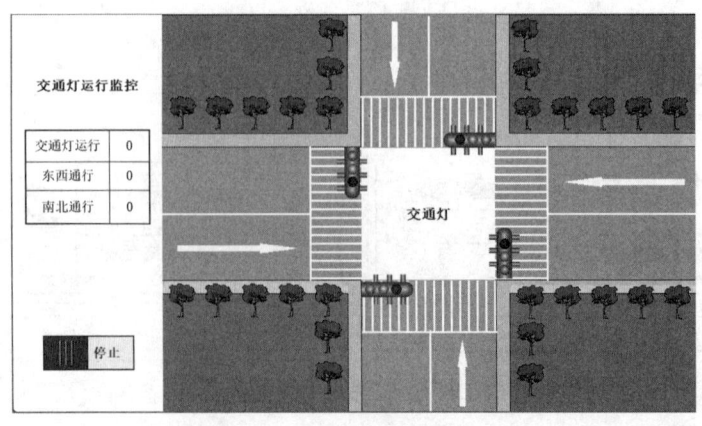

图 5-28　道路界面总体效果

3. 创建数据对象

在实时数据库中创建数据对象,如图 5-29 所示。

图 5-29 创建数据对象

4. 动画连接

1) 动画按钮变量属性设置

左键双击动画组态窗口中的"运行/停止"动画按钮,弹出"动画按钮构件属性设置"窗口,单击变量属性页,"设置变量"类型选择"数值操作",点击"?"按钮弹出"变量选择"窗口,选择对象表中的"运行","功能"选择"切换分段点",单击"确认"完成动画按钮构件变量属性设置,如图 5-30 所示。

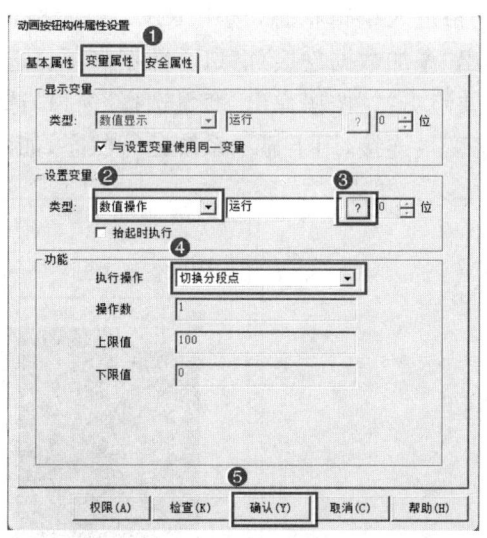

图 5-30 动画按钮变量属性设置

2) 指示灯设置

运行界面中东西、南北方向红绿灯选择公共图库类型"指示灯"类别中"指示灯 7"单元。该单元具有三个独立的三维圆球子图元,作为红、黄、绿指示灯,需将每个三维圆球分别连接对应的变量。

单击南北方向信号灯,弹出"单元属性设置"对话框,选择动画连接页,依照从上到下的顺序,3个三维圆球分别代表该图元中的红、黄、绿指示灯。选中第一行的"三维圆球",单击问号按钮弹出"变量选择"窗口,选择对象表中的"南北红灯",单击"确认"按钮,建立数据对象连接,如图5-31所示。逐个选中"三维圆球",完成红、黄、绿指示灯的变量连接,设置好的交通信号灯动画连接,如图5-32所示。以相同方法完成东西方向信号灯的变量连接。

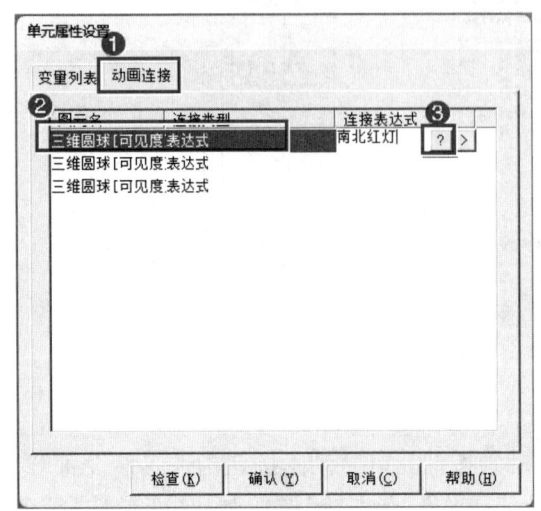

图5-31 信号灯动画连接设置　　　图5-32 交通信号灯动画连接设置

3) 报表

左键双击窗口中的表格进入编辑状态,选中R1C2单元格,右键单击,在下拉菜单中选择"添加数据连接",弹出"添加数据连接"窗口。数据来源页选择"表达式",显示属性页的"表格单元连接"中,需要点击"?"按钮弹出"变量选择"窗口,选择对象表中的"运行",单击"确认"按钮完成单元格变量连接,用于显示系统运行状态,如图5-33所示。

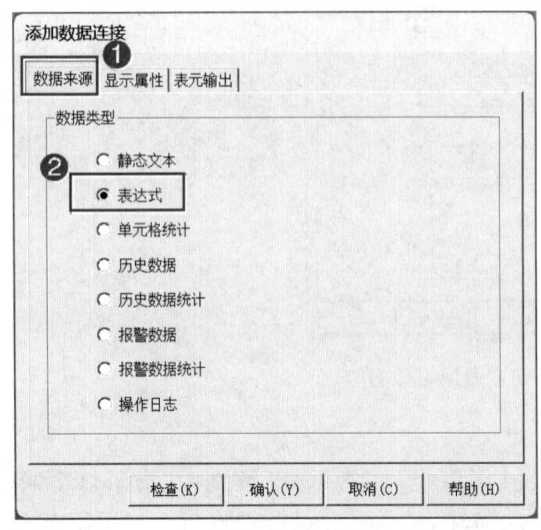
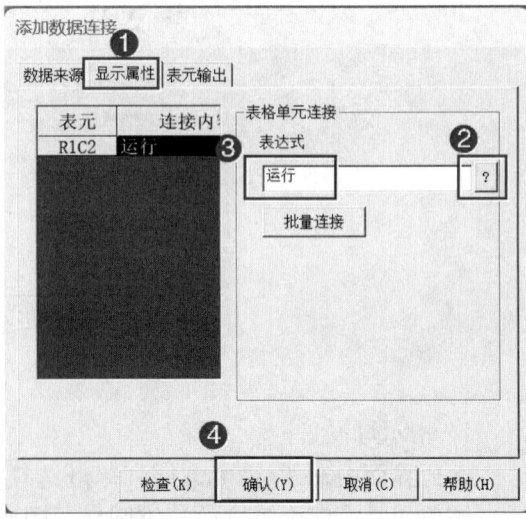

图5-33 报表单元格变量连接

以相同方法建立 R2C2、R3C2 单元格的变量连接，用于显示东西绿灯、南北绿灯的状态，如图 5-34 所示。

	C1	C2
R1	交通灯运行	运行
R2	东西通行	东西绿灯
R3	南北通行	南北绿灯

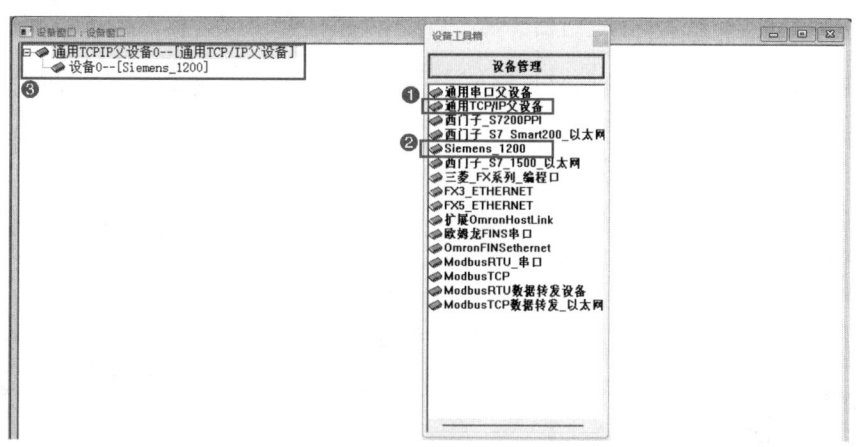

图 5-34　交通运行监控表数据连接

5. 设备窗口组态设计

（1）在 McgsPro 嵌入版组态软件的工作台上，单击“设备窗口”，左键双击打开设备窗口。右键单击，打开“设备工具箱”，在“设备工具箱”中，将一个“通用 TCP/IP 父设备”和一个“Siemens_1200”添加到“设备窗口”，如图 5-35 所示。

图 5-35　添加设备

在设备窗口中，单击“通用 TCP/IP 父设备 0”，弹出“通用 TCP/IP 设备属性编辑”窗口，如图 5-36 所示。“本地 IP 地址”处填写触摸屏 IP 地址“192.168.0.190”（与 McgsPro 组态软件触摸屏地址相同，触摸屏上电时进入“系统设置”可修改 IP 地址，但必须和连接的 PLC 在同一网段）；“远程 IP 地址”为连接的 PLC 地址“192.168.0.90”。

图 5-36　通用 TCP/IP 设备属性编辑

（2）左键双击“设备 0—Siemens_1200”，打开“设备编辑窗口”，单击“添加设备通道”，其中“Q 输出继电器”从通道地址“0”、数据类型“通道的第 00 位”开始增加 1 个通道，单击“连接变量”处的“?”按钮，在弹出窗口中选择“东西绿

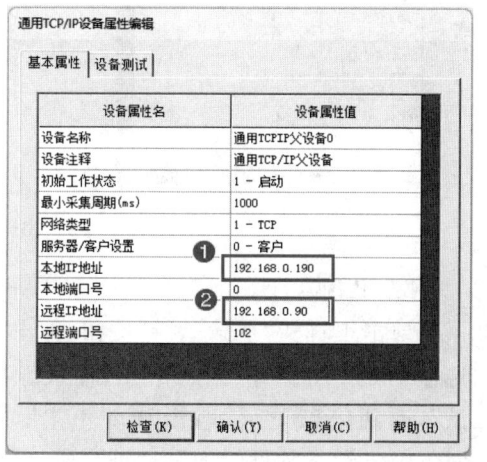

灯",即完成组态变量"东西绿灯"与 PLC 输出端子 Q0.0 的连接,如图 5-37 所示。

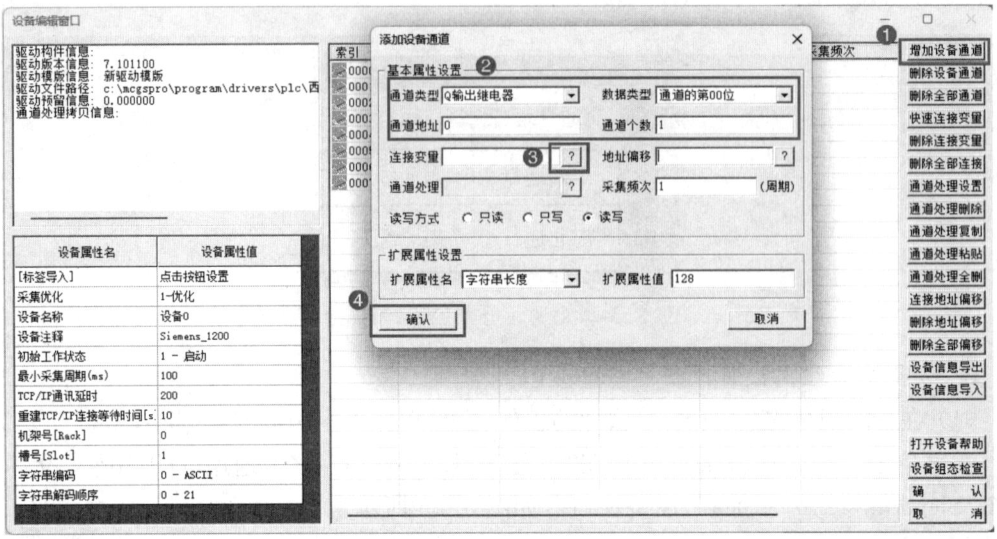

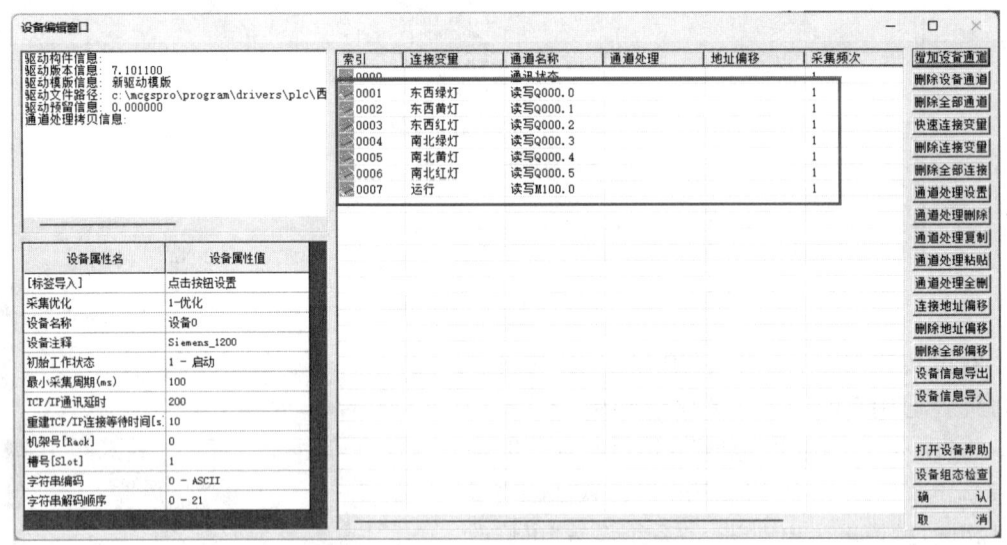

图 5-37　添加设备通道

以相同方法完成其他交通信号灯及"运行"通道的增加,完成组态变量 PLC 数据通道的连接,如图 5-38 所示。

图 5-38　设备通道添加及连接完成界面

6. 下载运行

单击工具栏"下载运行"按钮,弹出"下载配置"窗口,运行方式选择"联机",连接方式选择"TCP/IP 网络",目标机名输入触摸屏设备 IP 地址"192.168.0.190",单击"通讯测试",返回信息显示"通讯测试正常",如图 5-39 所示。计算机以太网 IP 地址只有与 McgsPro 组态软件触摸屏地址在同一网段,才可进行通信连接。

测试结果正常后,单击"工程下载",返回信息显示"工程下载成功!",完成工程下载,如图 5-40 所示。触摸屏实物界面重启后显示为当前下载的界面。

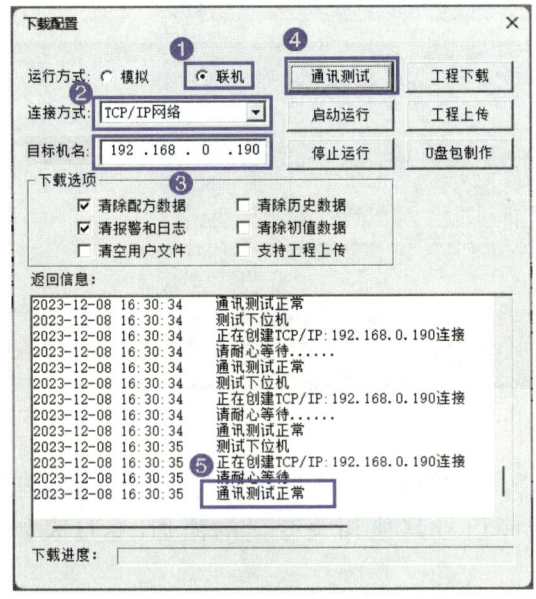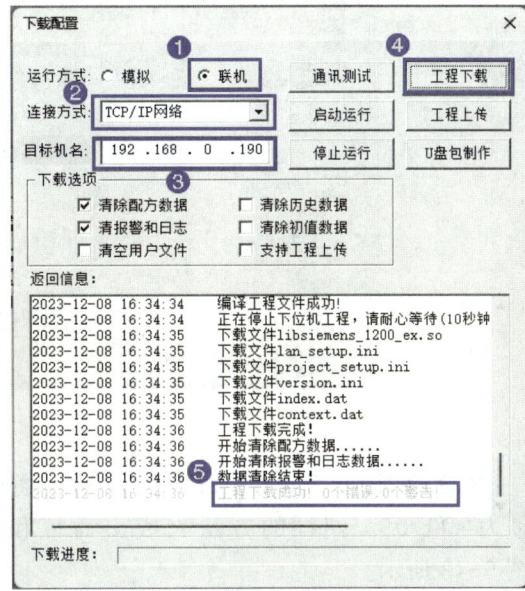

图 5-39 通讯测试　　　　　　　　　　图 5-40 工程下载

7. PLC 程序编写

(1) 打开博途软件,创建新项目"交通灯",添加新设备选择 SIMATIC S7-1200,根据实际 CPU 型号选择 CPU 进行组态。在博途软件项目视图中,从项目树所建项目中选择 PLC,右键单击,下拉菜单中选择"属性",在弹出对话框中常规页下"PROFINET 接口[X1]"选项中设置"以太网地址",修改 PLC 的 IP 地址为"192.168.0.90",如图 5-41 所示。

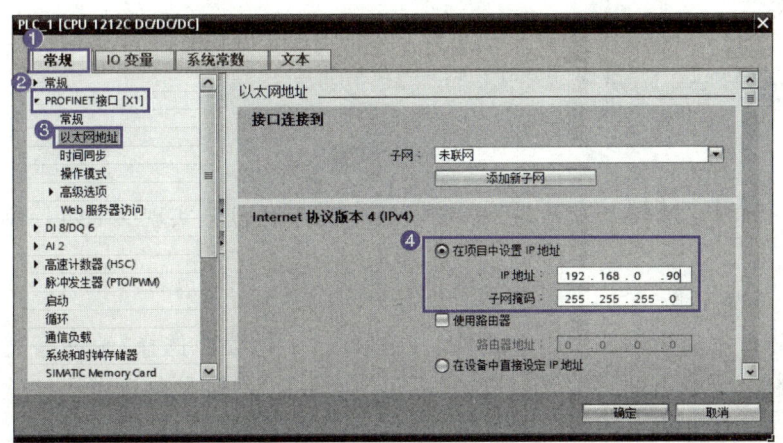

图 5-41 修改 PLC 的 IP 地址

"常规"标签栏,"防护与安全"选项中的"连接机制",勾选"允许来自远程对象的

PUT/GET 通信访问",如图 5-42 所示,其他选项按照系统默认设置。

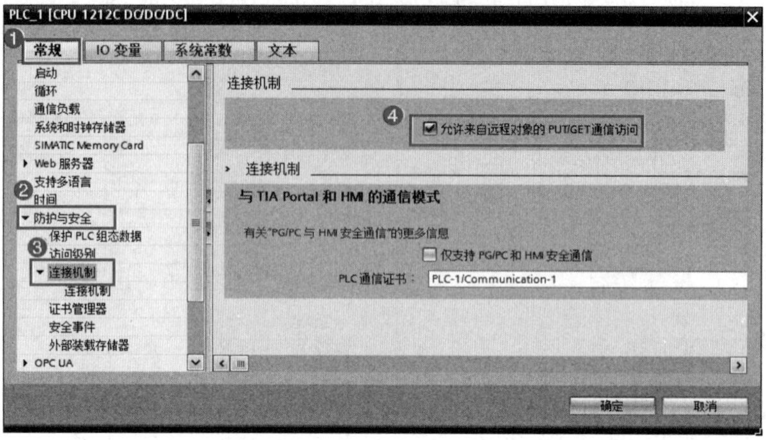

图 5-42 允许来自远程对象的 PUT/GET 通信访问设置

(2) 在"PLC 变量"中添加变量表"交通灯",新增"东西绿灯",数据类型为"bool",地址为"Q0.0"。同样的方法完成交通灯和控制信号其他相关变量的添加,变量表如图 5-43 所示。

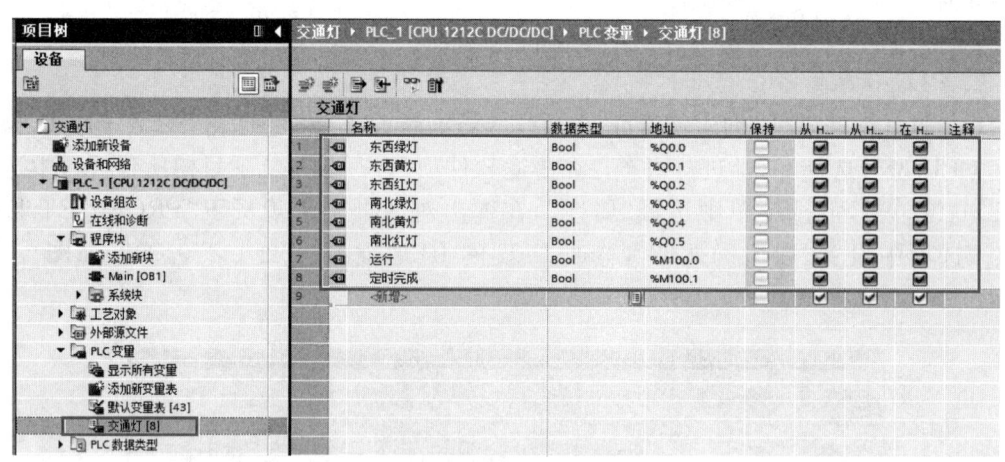

图 5-43 变量表

(3) 在"程序块""MAIN[OB1]"中编写交通灯运行程序,实现交通灯控制。参考程序如图 5-44 所示。

8. PLC 程序下载

在博途软件项目树中选中当前设备,右键单击,下拉菜单选择"编译",完成"硬件(完全重建)""软件(完全重建)"编译。选择"下载到设备",完成"硬件配置"与"软件"的下载。

9. 调试运行

下载完成后运行 PLC 程序,单击"启用监视"按钮,同时单击触摸屏"交通灯控制"界面上的"运行"按钮,观察界面中东西、南北指示灯亮灭变化过程及博途软件程序相应变量的监视运行状态,完成程序调试。

项目 5　交通灯的控制

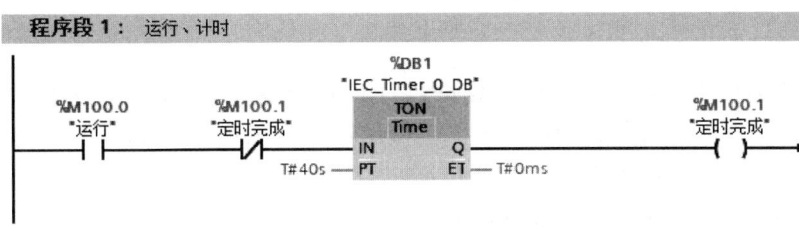

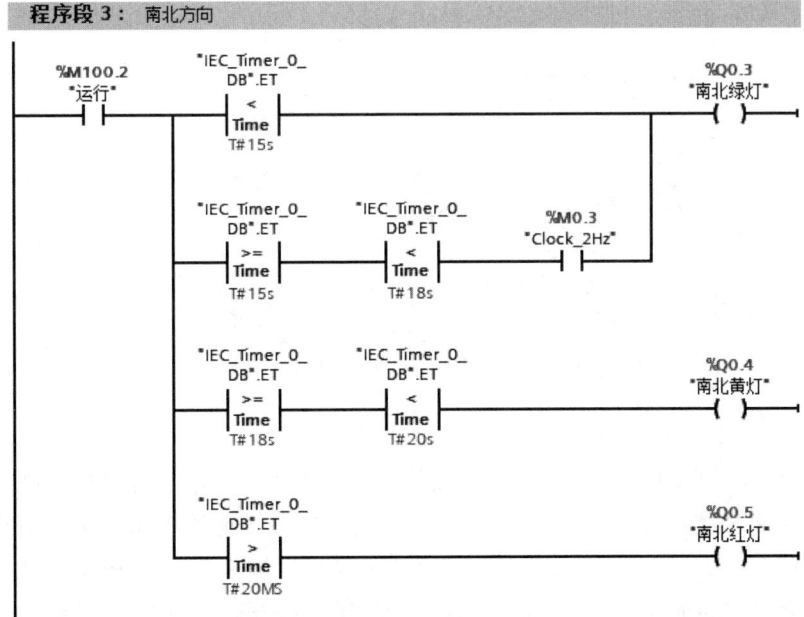

图 5-44　交通灯控制程序

113

三、相关知识学习

1. 动画按钮

动画按钮构件是一种特殊的按钮构件，专门用于实现多挡开关的效果。动画按钮与实时数据变量相连接，通过多幅图像和文字显示连接变量的状态和范围。构件可以接受用户的按键输入，也可通过多个状态的切换来改变关联变量的值。

动画按钮共有 4 种状态：正常可见可操作状态、不可见状态、可见文本变灰不可操作状态、有禁用图标不可操作状态。用户可通过组态设置表达式与相应条件控制动画按钮的状态表现，其中 3 种不可操作状态是唯一的，即构件设置完成后只会存在正常可见可操作状态和一种不可操作状态。

动画按钮构件由构件区域、图像、文字 3 部分组成。选中构件区域，图像和文字也被选中；改变构件区域的大小，图像和文字自动改变到合适的位置，但是大小不改变（也可以单独选中图像和文字）。文字可以移动，但是不能改变其大小；图像可以改变大小。

组态时双击动画按钮构件，弹出"动画按钮构件属性设置"对话框。动画按钮构件属性包括基本属性、变量属性和安全属性。

1）基本属性

该属性主要用于增减分段点的数量和设置每个分段点对应的外观特征，如图 5-45 所示。

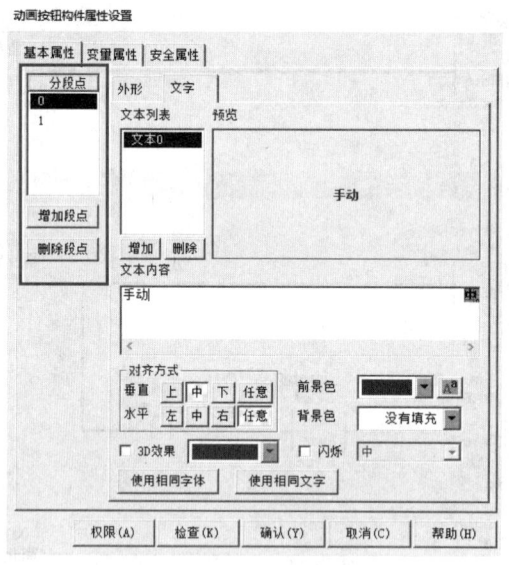

动画按钮属性演示

图 5-45　基本属性界面

（1）分段点：一个段点对应于动画按钮构件的一种状态，运行时用户的按钮动作根据显示变量值在多种状态之间切换同时可以设置变量执行一定的操作。每个分段点可以对应多个图像和多个文字。当显示变量的值发生变化时，构件会显示相应的状态。分段点的大小在组态时会被强制升序排序。运行时显示变量的所有值均会有对应的分段点显示，如当分段点为 1、2、3，关联变量值为 1 时，显示分段点 1，关联变量为 1.2 时显示分段点 2,关联值大于最大分段点值时,动画按钮显示最大分段点。如果连接的变量是开关量的位,则构件只有两种状态,非 0 状态(开状态)和 0 状态(关状态),此时分段点只能有两个。在分段点选择不同的段点可显示不同的图像和文字。

（2）增加段点:单击此按钮,增加一个分段点。单击段点的值,可以激活段点,进入编辑状态,修改或者输入新的段点值,按"Enter"键,接受新的段点值。段点值可为小数、正数、负数。修改分段点值后系统将强制对分段点进行升序排序(如果顺序混乱可能不被识别,一个构件最多允许 50 个分段点。组态工程时需要注意)。

（3）删除段点:单击此按钮,删除分段点列表中所选定的段点,与该段点对应的图像、文字同时也被删掉。一个构件至少有一个分段点。

（4）外形:用于设置动画按钮的外形显示效果,如图 5-46 所示。

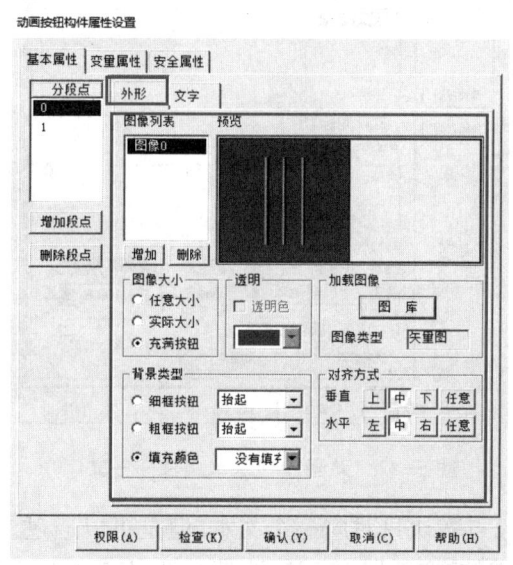

图 5-46　动画按钮基本属性——外形

① 图像列表:一个分段点默认只对应一个图像,可以通过两种方式添加多个图像。一种是通过单击"图像列表"下面的增加按钮,一种是右键单击图像列表的空白区域,在弹出的快捷菜单中选择"插入",图像列表允许的最大图像数为 15 个,左键双击图像名可以激活图像名,进入编辑状态,修改或者输入新的图像名。鼠标拖动的方式改变图像的顺序可以实现图像在构件区域的层次显示,默认图像列表的第一个图像显示在最上层。单击"删除"按钮或右键单击图像列表空白区域,在弹出的快捷菜单中选择"删除",可以删除图像。

② 图像大小:选择"任意大小"可以随意的改变图像的大小;选择"实际大小",图像以实际大小显示;选择"充满按钮",图像充满整个按钮。选择"任意大小""实际大小",在组态时可以改变图像大小,选择"充满按钮"项,无法改变图像大小,只能通过改变构件区域大小来改变图像大小。

③ 透明:勾选此项后可以选择"透明色",使位图上的相应颜色透明。此选项只对 bmp 类型的位图有效。

④ 加载图像:单击图库可以选择加载图像。当图像加载成功后,可以在"预览"观察图像效果,"图像类型"显示使用的图像的类型。

⑤ 背景类型:此项用于设置构件背景类型,包括"细框按钮""粗框按钮""填充颜色"。其中"细框按钮""粗框按钮"包括"抬起"和"按下"2 种状态。

⑥ 对齐方式:此项用于设置图像的对齐方式。它分为垂直对齐和水平对齐,水平对齐有左对齐、中对齐、右对齐及任意对齐;垂直对齐有上对齐、中对齐、下对齐及任意对齐。

(5) 文字选项:用于设置动画按钮的文本显示效果,如图 5-47 所示。

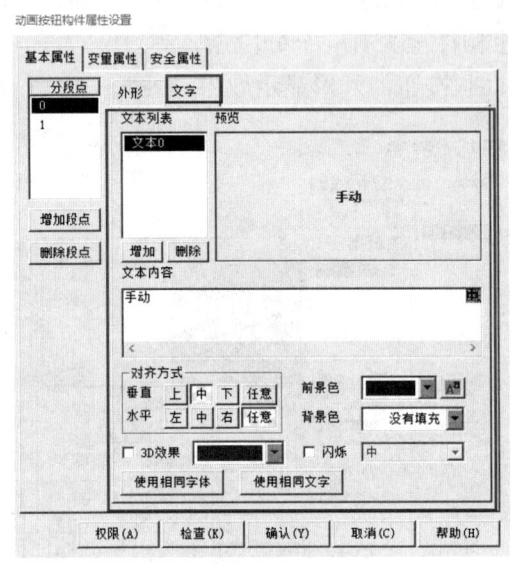

图 5-47　动画按钮基本属性——文字

① 文本列表:一个段点默认只对应一个文本,但是可以通过多种方式添加多个文本。一种是单击文本列表下方的"增加"按钮;一种是右键点击文本列表的空白区域。在弹出的快捷菜单中选择"插入"。文本列表最多支持 15 个文本。左键双击文本名,进入编辑状态,修改或者输入新的文本名。改变文本的顺序可以改变文本的显示层次,默认文本列表的第一个文本显示在最上层。单击"删除"按钮或者使用右键单击文本列表空白区域,在弹出的快捷菜单中选择删除,可以删除当前选中文本。

② 文本内容:此项可以对段点对应的文本列表中的文本进行编辑。动画按钮文本支持多语言。

③ 对齐方式:此项用于设置文本在构件中的对齐方式,有垂直对齐和水平对齐 2 种方式。垂直对齐包括上对齐、中对齐、下对齐及任意对齐;水平对齐包括左对齐、中对齐、右对齐及任意对齐。

④ 前景色:设置文字的颜色。

⑤ 背景色:设置文字的背景色。

⑥ 3D 效果:设置文字的显示为 3D 立体效果。

⑦ 闪烁:设置文字的闪烁效果。闪烁速度分为快、中、慢。由于下位机限制,所有文本只能以相同的速度闪烁。

⑧ 使用相同字体:单击此按钮,所有文本字体都变为在文本列表中选中的文本的字体。
⑨ 使用相同文字:单击此按钮,所有文本内容都变为在文本列表中选中的文本内容,多语言同步设置,设置的文本格式效果不受影响。

2) 变量属性

动画按钮构件可以关联 2 个变量:显示变量和设置变量。设置变量和显示变量间没有必然联系。如果只有显示变量,构件没有按钮动作;如果只有设置变量,构件只有按钮动作,没有变量显示的功能;如果设置变量和显示变量关联同一个变量,构件执行按钮动作的同时改变自身的显示状态,变量属性界面如图 5-48 所示。

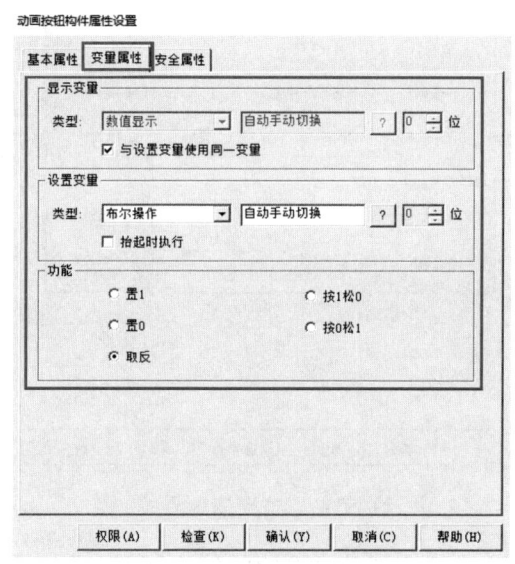

图 5-48 变量属性界面

(1) 显示变量:显示构件的段点状态,通过显示变量值的变化使构件可以在多个段点之间进行切换,显示变量类型分为整数、浮点数、整数的位。当显示整数的位时,分段点只能为 2 个,位的范围为 0~31。

(2) 设置变量:用于构件执行按钮动作。每按一次动画按钮构件就执行一次操作,设置变量的操作类型分为整数、浮点数、整数的位。选择布尔操作和数值操作时,变量类型为整数、浮点数;选择位操作时,变量只能是整数,位的范围为 0~31。

(3) 与设置变量使用同一变量:默认设置变量与显示变量为同一个变量,如果需要关联不同变量,需要取消此设置。

(4) 抬起时执行:选中后,表示按钮在鼠标抬起时触发变量事件,默认不勾选,表示变量事件在按钮按下时即执行。按 1 松 0、按 0 松 1、递加、递减、循环加、循环减、周期加、周期减操作无此选项。

(5) 功能:

① 布尔操作包括置 1、置 0、取反、按 1 松 0、按 0 松 1,执行布尔操作后变量值只能是 1 或者是 0,其中按 1 松 0 和按 0 松 1 不支持弹框确认安全控制。

② 位操作包括置 1、置 0、取反、按 1 松 0 和按 0 松 1。此操作只对整数数据的位操作

有效，其中按1松0和按0松1不支持弹框确认安全控制。

③ 数值操作包括切换分段点、设置常量、加、减、递加、递减、循环加、循环减、周期加、周期减功能，其中递加、递减、循环加、循环减、周期加、周期减支持长按操作，但不支持弹窗确认操作。

3）安全属性

安全属性用于设置动画按钮的使能控制以及安全控制，如图5-49所示。

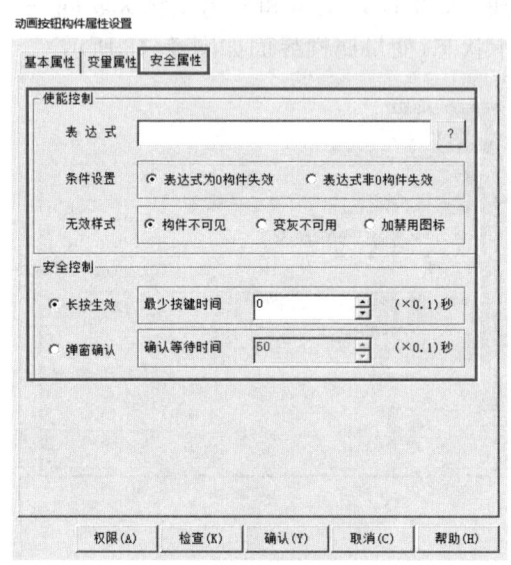

图 5-49 安全属性界面

（1）表达式：使能表达式可控制动画按钮的使能情况。如不设置任何表达式，构件始终有效，可见且文本不会变灰，无禁用图标。

（2）条件设置：配合表达式的值情况，共同控制构件的有效性。

（3）无效样式：构件失效时的样式分为构件不可见、变灰不可用、加禁用图标3种，任何失效样式生效时均不会响应变量设置操作。

（4）长按生效：按下按钮后，按钮需要经过最少按键时间进行安全确认，确认成功后才可以执行按钮的变量设置操作。

（5）弹窗确认：在按钮按下或抬起要执行变量设置时，弹出询问对话框，单击确认后才可执行按钮的变量设置操作。按1松0、按0松1、递加、递减、循环加、循环减、周期加、周期减操作均禁用此功能。

2. 报表

报表构件主要用于数据的显示以及统计。数据类型支持静态文本、表达式、单元格统计、历史数据、历史数据统计、报警数据、报警数据统计、操作日志。

1）编辑报表构件

单击工具箱中的按钮" 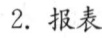 "拖动鼠标创建报表构件，选中已创建的报表构件，左键双击进入编辑状态，可通过绘图编辑条、右键单击菜单等操作进行动态改变外观显示以及数

报表控件属性演示

据连接,如图 5-50 所示。

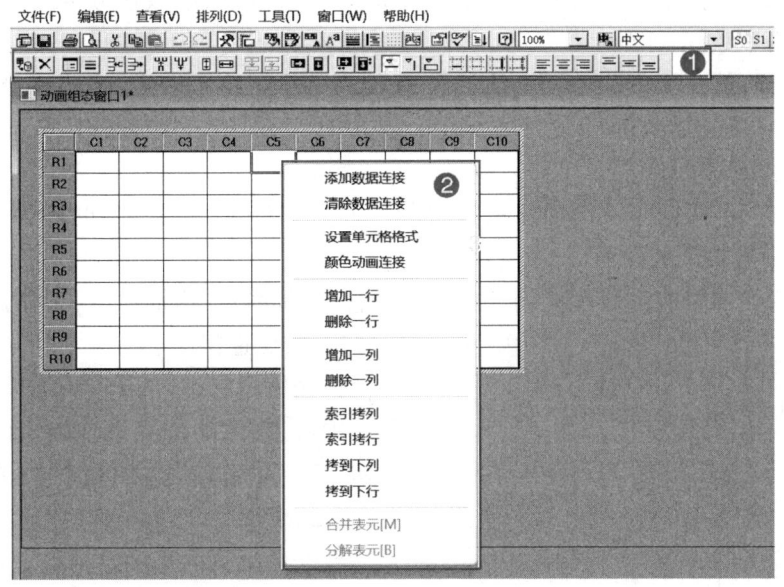

图 5-50　报表编辑条及菜单

2) 单元格格式设置

报表编辑状态下选中单元格,右键单击"设置单元格格式"或者单击工具栏按钮" ",弹出"单元格格式"对话框,可分别设置"数据格式"及"外观显示",如图 5-51 所示。单元格格式设置支持单个、批量配置,当选择多个单元格时,该对话框中的数据是左上角单元格的格式信息。当单元格设置界面的格式信息发生了变化时,修改后的格式信息会批量设置到每个单元格中,未发生改变的信息仍维持原状。

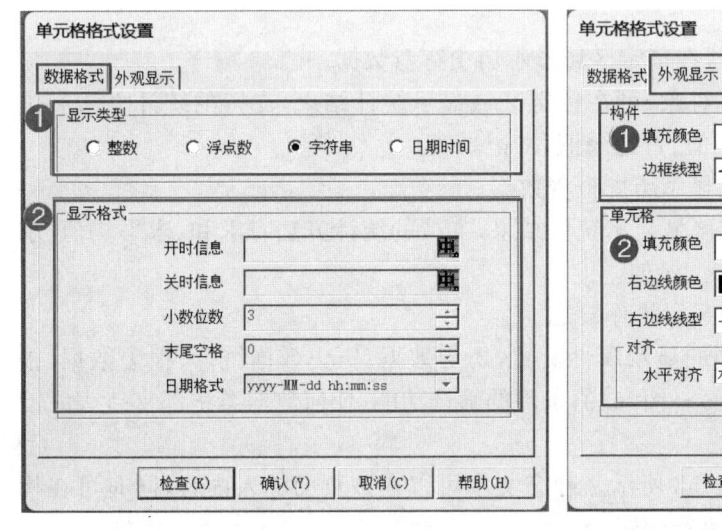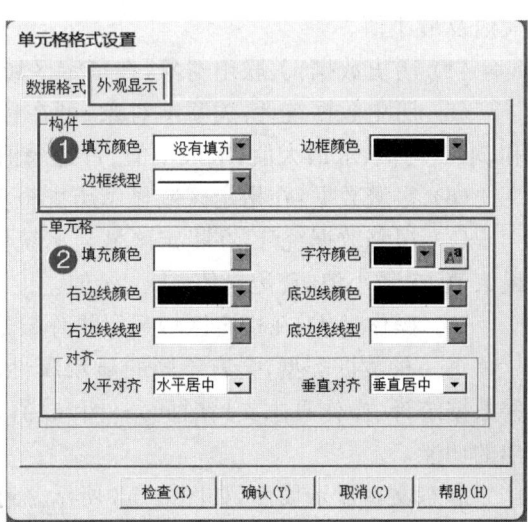

图 5-51　报表单元格格式设置

(1) 数据格式默认为字符串,可动态切换数据类型。

① 整数:可支持开时信息和关时信息,并支持多语言。
② 浮点数:可配置小数位数以及末尾空格的个数,默认小数位数为 3 位。小数位数[0,15],空格个数[0,1 024]。
③ 字符串:静态文本和单元格统计结果默认显示字符串内容,表达式;历史数据,历史统计数据,报警数据和报警统计数据浮点数默认显示 3 位小数点;整数数据显示整数位,最大有效数字为 15 位。
④ 日期时间:可选择不同的显示类型,若 MCGS_Time 列没配置时间格式,则会在单元格显示一个整数型的数值。
（2）外观显示标签页可配置构件的填充颜色、边框颜色、边框线型、对齐方式等。

3）数据连接
报表编辑状态,选中单元格右键单击弹出菜单中可选择"添加数据连接"或通过工具栏按钮" ",弹出"添加数据连接"窗口,如图 5-52 所示。
数据来源页内选中数据类型,支持静态文本、表达式、单元格统计、历史数据、历史数据统计、报警数据、报警数据统计、操作日志,默认为静态文本。
（1）静态文本:文本字符串,支持多语言功能,可在组态和运行时实时多语言切换。
（2）表达式:通过关联变量、常量、运算符组合的表达式实时显示数据。

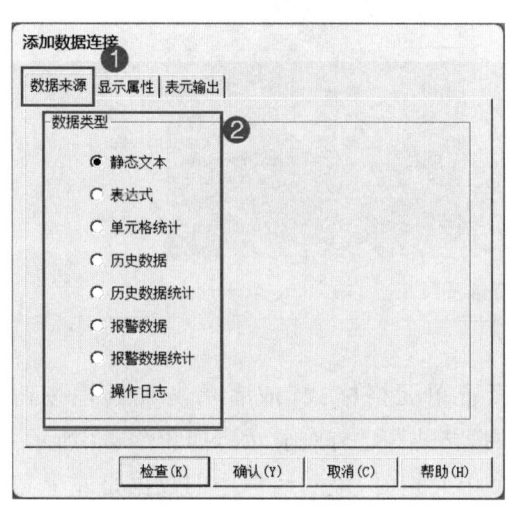

图 5-52　单元格数据类型

（3）单元格统计:运行时实时统计某些单元格的统计数据,支持求和、求平均值、求最大值及最小值。
（4）历史数据:关联组对象,在指定区域显示历史存盘数据。
（5）历史数据统计:关联组对象,可在指定区域显示统计结果,支持的统计方法有求和、求平均值、求最大值、求最小值、首记录值、末记录值。
（6）报警数据:在指定区域显示历史报警数据。
（7）报警数据统计:在指定区域显示统计结果,支持的统计方法有求和、求平均值、求最大值、求最小值、首记录值、末记录值。
（8）操作日志:在指定区域显示操作日志。
每一种数据类型,会有不同的显示属性配置,历史数据、历史数据统计、报警数据、报警数据统计、操作日志支持时间条件和数值条件的筛选功能,任何数据类型都支持表元输出的功能。
静态文本显示属性,如图 5-53 所示。静态文本可以在该页面输入内容,同时可在构件的编辑状态左键双击单元格进行编辑。
表达式显示属性,如图 5-54 所示。表达式的配置,可关联单个变量,同时也提供了批量关联的功能,关联变量之后,可通过编辑编辑框内进行更复杂的表达式的组合。

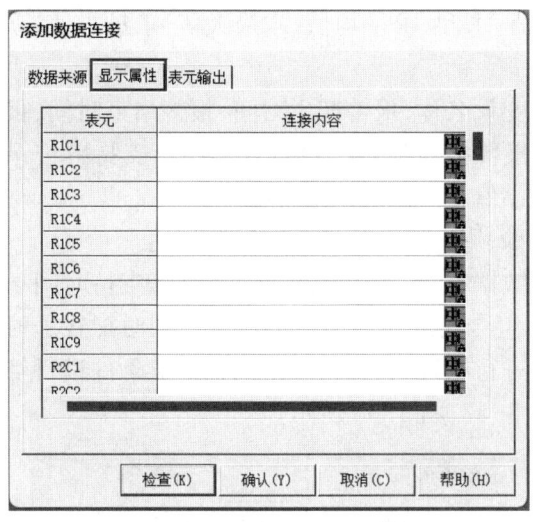

图 5-53 静态文本显示属性

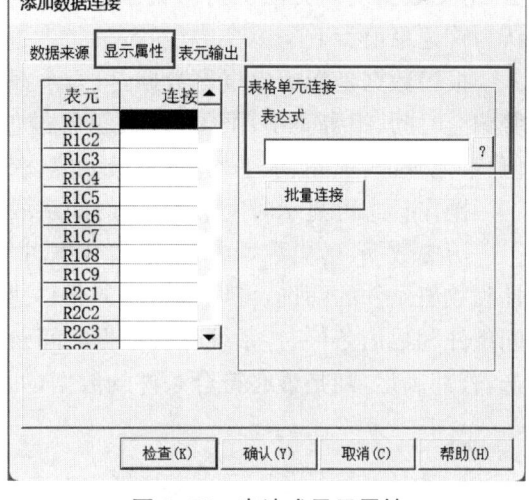

图 5-54 表达式显示属性

单元格统计显示属性如图 5-55 所示，支持求和、求平均值、求最大值及求最小值 4 种基本的统计方法，默认为求和，每个单元格可配置开始位置的行号和列号，结束位置的行号和列号，行号和列号须是整数才能正确运算。单元格统计的结果是浮点数的值，所以当被统计的单元格是字符串时，系统会自动强转为 0，会导致运算不符合预期。

历史数据显示属性如图 5-56 所示，可选择系统的组对象名，在下面的网格中，可配置显示列的属性，右侧提供了 3 个可快捷编辑的按钮，其中，上移和下移可动态调整属性列的上下位置，单击复位系统会根据组对象成员的默认顺序自动填充网格。此处的组对象需要配置存盘属性在运行时才会生效。

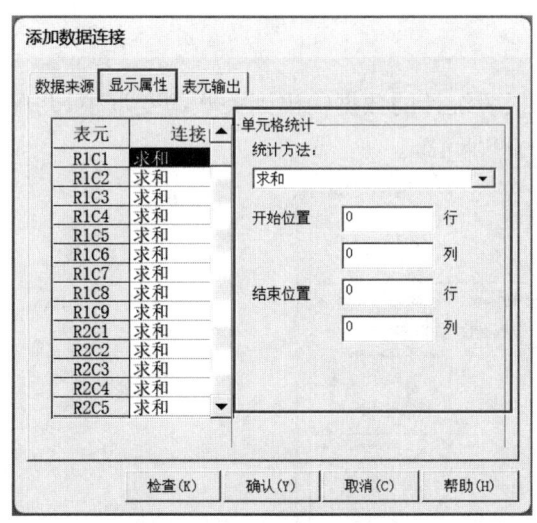

图 5-55 单元格统计显示属性

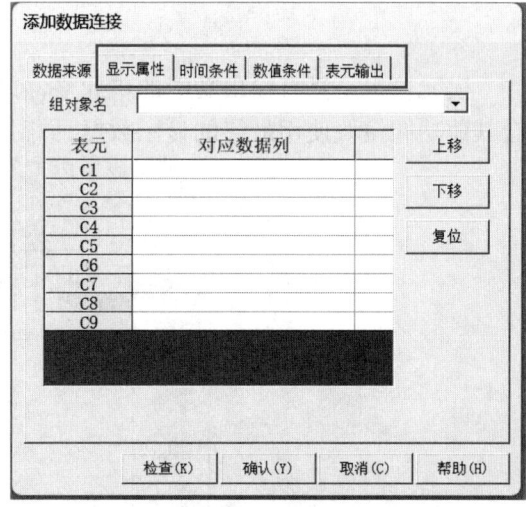

图 5-56 历史数据显示属性

历史数据、历史数据统计、报警数据、报警数据统计及操作日志的显示属性设置页面结构相同，设置方法相同。

历史数据统计属性与历史数据不同的是，在网格的"显示内容"部分可以配置统计方法，历史数据统计方法支持首记录值、末记录值、求和、求平均值、求最大值、求最小值，默认为首记录值。

报警数据是指历史报警数据，可显示报警变量名称、报警产生时间、报警结束时间、报警响应时间、报警类型、报警值、报警基准值、报警描述信息。报警数据统计支持首记录值、末记录值、求和、求平均值、求最大值、求最小值。

操作日志可显示时间字段秒、时间字段毫秒、用户、窗口、控件、动作、描述。

历史数据、历史数据统计、报警数据、报警数据统计、操作日志这5类数据支持时间条件和数值条件的筛选，可以将不同的条件进行组合完成功能丰富的统计。同时配置了时间条件和数值条件时，系统先会根据时间条件进行筛选，再根据是否满足数值条件进行筛选，若都满足，则是最终符合条件的数据，如图5-57、图5-58所示。

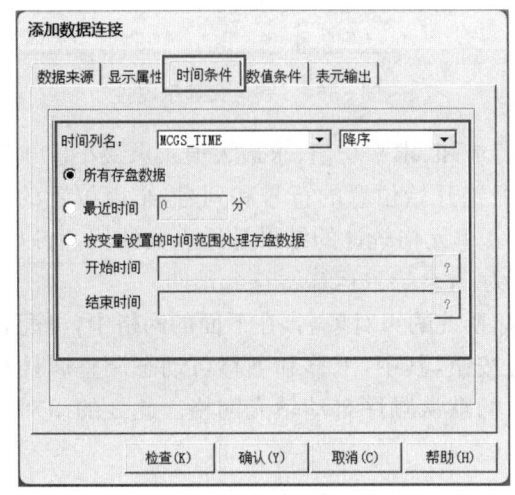

图5-57 时间条件

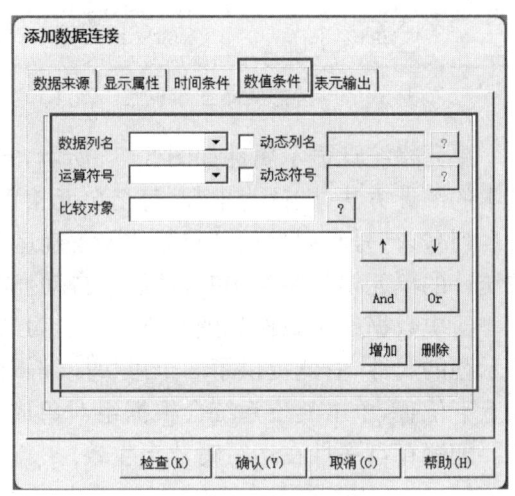

图5-58 数值条件

表元输出是具有输出功能的单元格，可将报表统计的数据输出到关联的变量中，并配合其他功能模块使用最终的显示数据，如图5-59所示。

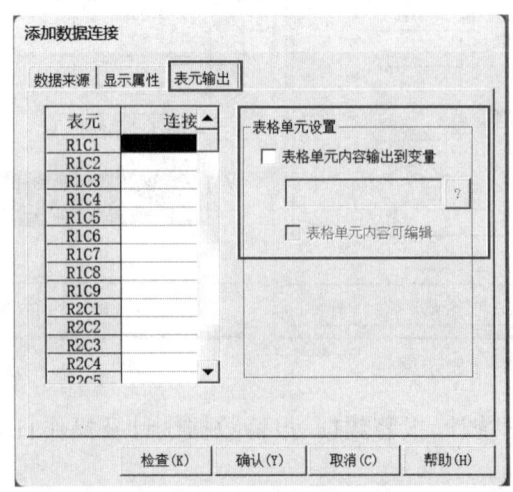

图5-59 报表单元格表元输出

4）颜色动画连接

报表编辑状态时选中单元格，单击右键弹出菜单中可选择"颜色动画连接"或通过工具栏按钮" "，弹出"颜色动画连接"窗口，如图 5-60 所示。通过配置使单元格连接的变量在不同的数值区间具有不同的颜色状态属性，在系统运行过程中，用变量的值来驱动图形对象的状态改变，进而产生直观形象的动画效果。颜色动画连接属性包括：填充颜色、字符颜色、边线颜色，可通过"增加""删除"按钮设置多个分段点。数据类型为字符时，通过设置不同字符串分段点进行是否等于的比较关系对应不同颜色状态来实现，效果显示如图 5-61 所示。

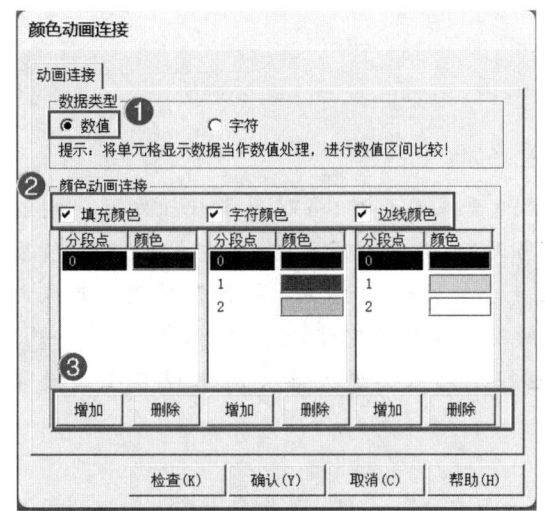

图 5-60　颜色动画连接——数值

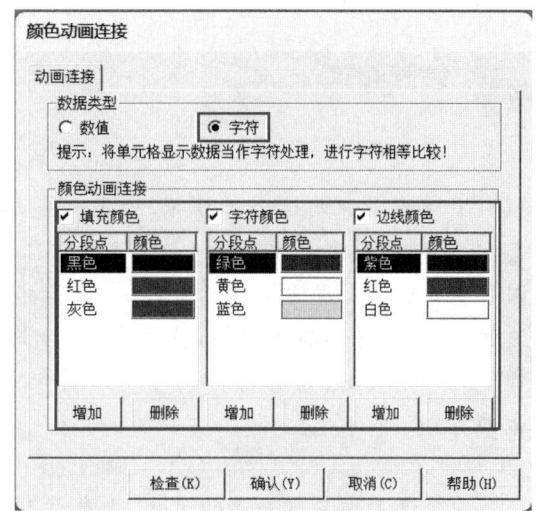

图 5-61　颜色动画连接——字符

项目评价

按表 5-2 进行本项目的评价与总结。

表 5-2　项目评价表

学期	工作形式	他人评分	实际完成时间	
	□个人　□小组分工　□小组	□是　□不是		
评分内容	评分标准	分数	学生评分	教师评分	得分
界面制作	符合设计要求、整齐、美观	20 分			
实时数据库	正确定义各类数据对象	10 分			
PLC 与 HMI 通信	PLC 的 IP 地址、HMI 的 IP 地址；PLC 与 HMI 的通信；建立通道，完成与数据对象的连接	40 分			
PLC 编程	编写 PLC 程序	10 分			

(续表)

评分内容	评分标准	分数	学生评分	教师评分	得分
设备调试	排除故障,验证系统既定功能	20 分			
考核时间 60 分钟	每超时 10 分钟扣 5 分				
总分		学生签名: 教师签名: 日期:			

 思政园地

邵春福:交通工程的"追梦者"

2008 年北京奥运会开幕式,除了大气华美的开幕式表演,当时新华社刊发的一则消息,也让国人感到无比骄傲。"奥运会开幕式当天,数百名国家元首、王室成员、政要前往国家体育场观看奥运会开幕式,204 个奥林匹克会员协会的运动员参加开幕式。开幕式结束后,全部贵宾疏散完毕,共用时 27 分钟,所有观众疏散完毕,用时不到 2 小时……"。背后的科学规划、精准计算离不开一个人,他就是北京交通大学交通工程专业教授邵春福。

一、30 年后,中国也同日本一样

作为高考恢复第一年的考生,邵春福毕业于西安公路学院(现长安大学)汽车运用工程专业的他,以优异的成绩考取了唯一一个公费留日名额,去往日本交通工程专业最好的京都大学攻读研究生。

初到日本正好赶上日本的成人节,高速公路上车水马龙,大阪到京都 50 多公里走了 3 个多小时。他的导师、日本交通工程专业创始人之一佐佐木纲问他初来日本的感受。"与想象的完全不一样,这么多车,堵得根本走不动。"邵春福说。佐佐木纲听完笑了,"30 年后,中国的交通状态就会如日本今天的交通状态一样,我们拭目以待。"

邵春福在日本攻读了数理工程硕士、交通土木工程博士。在他心中始终坚定一个信念——科技腾飞真正需要的不是只会写文章,而是实打实的技术。他拿到了日本系统科学研究所的正式职位,当了 5 年的研究员和 2 年的主任研究员,先后承担了日本建设省(现国土交通省)和地方政府 20 余个交通工程项目。1999 年,他决定辞职回国,选择北京交通大学任教。

二、用实力让人无从质疑

2003 年年末,邵春福接到制定奥运国家体育场车辆疏散方案的任务。当时预计北京奥运会开幕式有 16 万人参加,7 000 辆机动车集中抵离,交通复杂程度和组织难度创中国历史之最。邵春福从交通疏散角度通过交通仿真和科学计算为设计方提供了调整建议和交通组织方案,确保了 27 分钟贵宾散场得以实现。

2019 年 9 月,中共中央、国务院印发了《交通强国建设纲要》,把交通强国提升为国家

战略。为了推动交通强国建设,交通运输部组织编写《国家综合立体交通网规划纲要(2035—2050)》(以下简称《规划纲要》)的编写工作,并安排了12个研究专题,邵春福负责第一个专题——综合立体交通网规划基础理论研究,用基础理论支撑了《规划纲要》。眼下,邵春福团队正在从事城市与城市群交通资源优化配置、城市建设与交通交互作用下居民幸福感演化及科技冬奥等项目的研究,用科技创新助力蓝图成真。

三、给学生定下"基本功"

北京西直门立交桥以其结构复杂、车流量之多,被称为北京最"魔性"的建筑之一。而西直门数车,却是邵春福给每一名进入北交大交通工程专业学生定下的一项"基本功"。每15分钟一组,看单位时间内有多少车辆通过。

之所以如此"刻苦",还在于领头人看清了我国交通工程依然落后于发达国家的现状。要追赶,光靠老一辈科学家的努力还不够,还需要有后辈人才的跟进。通过"引育结合"的方式,邵春福搭建了一支精干的科研团队。他本人已培养了30多名博士,70多名硕士,有26名学生在国内外高校任教。

从1982年跨入交通领域到2022年即将退休整整40年的光阴,邵春福感慨道:"追梦这个专业,我做对了。党和国家培养了我,在国家最需要我的时候,我学成归来学以致用,感觉值了!"

——《中国科学报》(2021年08月18日08版)

练习与思考

1. 什么是McgsPro嵌入版组态软件的脚本程序?
2. McgsPro嵌入版组态软件在编写脚本程序时要注意哪些方面?
3. 什么是McgsPro嵌入版组态软件的工程密码?
4. McgsPro嵌入版组态软件的工程用户权限如何进行设置?

项目 6

排涝泵站水位的控制

学习目标

1. 知识目标

(1) 掌握 McgsPro 嵌入版组态软件报警信息的处理及显示方法;
(2) 掌握 McgsPro 嵌入版组态软件组合框信息的处理及显示方法;
(3) 掌握 McgsPro 嵌入版组态软件流动块的使用及动态显示设置方法;
(4) 掌握 McgsPro 嵌入版组态软件数据变化实时曲线的使用方法;
(5) 掌握 McgsPro 嵌入版组态软件数据变化历史曲线的使用方法。

2. 能力目标

(1) 能够使用 McgsPro 嵌入版组态软件实现排涝泵站的启停控制;
(2) 能够实现水泵及流动块的运行状态显示;
(3) 能够使用文字标签对组态界面中的元件图形进行标注;
(4) 能够创建实时数据库数据对象,并与组态界面上的元件建立动画连接;
(5) 能够熟练编写脚本程序;
(6) 能够下载工程,调试运行。

3. 素质目标

(1) 激发浓厚的学习兴趣,养成严谨的学习态度;
(2) 养成良好的职业道德;
(3) 培养学生的独立工作能力和自学能力;
(4) 提高团队合作能力与沟通能力。

项目描述

组态一个排涝泵站监控系统,有入口水位测量、报警显示、手动等功能,组态界面如图 6-1 所示。

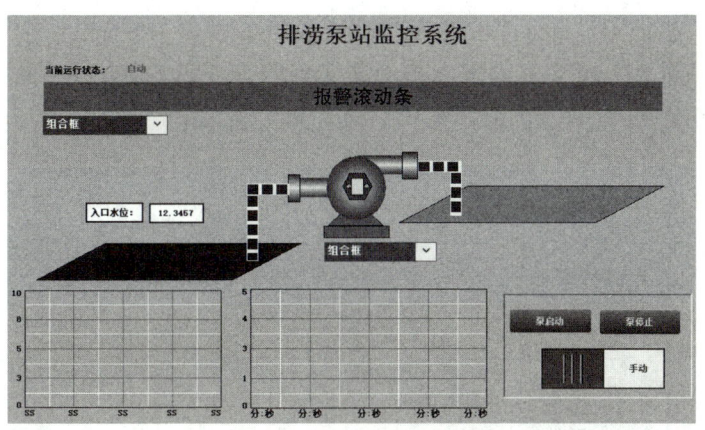

图 6-1 排涝泵站监控系统

项目实施

任务 6.1 排涝泵站水位监控系统设计

一、任务要求

当排涝泵在自动运行时,泵启动按钮和泵停止按钮不可用。自动运行时的控制要求为入口水位大于 2 m 小于 4 m 时,排水泵启动,低速运行;当入口水位大于 4 m 小于 6 m 时,排水泵中速运行;当入口水位大于 6 m 小于 8 m 时,排水泵高速运行;当入口水位大于 8 m 时,入口水位报警。当排涝泵在手动运行时,泵启动按钮和泵停止按钮可用。组态界面如图 6-1 所示。

二、任务实施

1. 新建工程

左键双击 McgsPro 嵌入版组态软件组态环境的桌面快捷图标,进入 McgsPro 嵌入版组态软件的组态环境。单击工具栏上的"新建"按钮,弹出"工程设置"对话框,在 HMI 配置栏内选择"TPC1021Nt(1 024×600)",其他组态配置为默认,单击"确定"按钮,系统自动创建一个名为"新建工程 0.MCP"的新工程。选择"文件"菜单中的"工程另存为"命令,弹出"文件保存"对话框,在"文件名"一栏内,输入"排涝泵站监控系统",单击"保存"按钮,工程创建完毕。

排涝泵站监控系统演示

2. 界面设计

1) 标签的制作

在窗口界面中,创建 5 个标签按钮,在 1 号标签的扩展属性中,将文本内输入栏的文字修改为"排涝泵站监控系统";在属性设置中,设置标签的静态属性为"没有填充、没有边线",字符颜色设置为"黑色",字体设置为"宋体、粗体、小一"。在 2 号标签的扩展属性中,将文本内输入栏的文字修改为"当前运行状态:";在属性设置中,设置标签的静态属性为"没有填充、没有边线",其他为默认。在 3 号标签的属性设置中,设置标签的静态属性为

"没有填充、没有边线",字符颜色设置为"红色",在输入输出连接栏勾选"显示输出"。在4号标签的扩展属性中,将文本内输入栏的文字修改为"入口水位:"。在5号标签的属性设置中的输入输出连接栏勾选"显示输出",其他为默认(图6-2)。

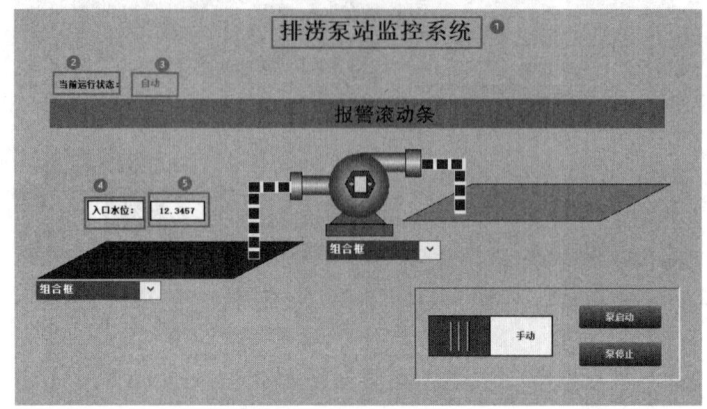

图 6-2　标签的制作

2)报警条的制作

单击工具箱中的"报警条"按钮,鼠标的光标呈"十"字形,在窗口中绘制出大小合适的矩形框。

3)绘制排涝泵工作示意图

单击工具箱中的"插入元件"图标,弹出元件图库管理对话框,在公共图库中,选择"泵 27",如图 6-3 所示。

单击图符工具箱中的"平行四边形"图符,鼠标的光标呈"十"字形,在窗口中绘制出大小合适的平行四边形框,左键双击平行平四边形,设置填充颜色分别为"蓝色"和"青色";再单击工具箱中"流动块"按钮,绘制出大小合适的 4 个管道,分别设置流动块的侧边距离为"1",块的颜色为"蓝色",流动方向根据流动块的位置选择为"从左(上)到右(下)"或"从右(下)到左(上)",如图 6-4 所示。

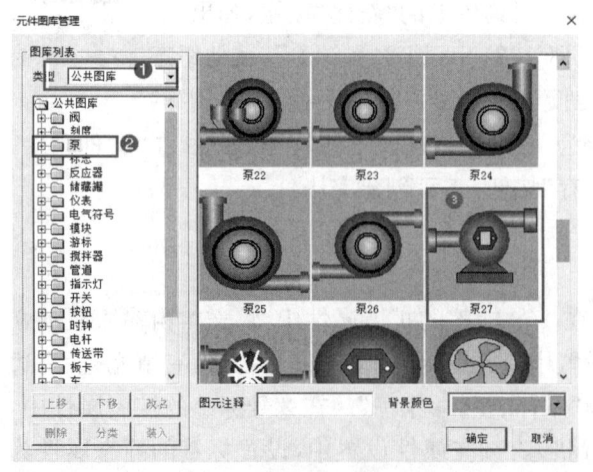

图 6-3　插入泵 27

图 6-4　流动块设置

4）组合框的制作

单击工具箱中的"组合框"图标，鼠标的光标呈"十"字形，在窗口中绘制出大小合适的2个组合框构件，左键双击组合框构件，弹出"组合属性编辑"对话框，选择选项设置页，依据静态选项按序号将项目内容依次修改为停水、小水量、中水量、大水量和超大水量，如图6-5所示。以相同方法将另一个组合框静态选项的内容依次修改为停止、低速、中速和高速，如图6-6所示。

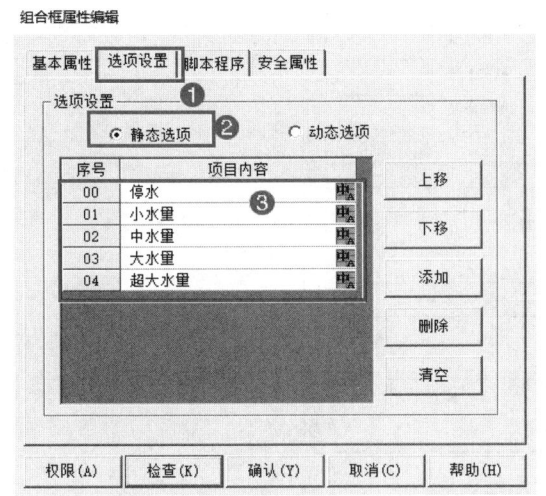

图6-5　入口水量设置　　　　图6-6　排涝泵速度设置

5）控制按钮的制作

单击图符工具箱中的"凹平面"图符，鼠标的光标呈"十"字形，在窗口中绘制出大小合适的凹平面；单击工具箱中"标准按钮"图标，鼠标的光标呈"十"字形，分别绘制出大小合适的2个按钮，将两个按钮的显示文本分别设置为"泵启动"和"泵停止"。单击工具箱中"动画按钮"图标，鼠标的光标呈"十"字形，绘制出大小合适的动画按钮，左键双击动画按钮，弹出"动画按钮构件属性设置"对话框，将分段点0的文本内容设置为"手动"，分段点1的文本内容设置为"自动"，其他为默认设置，如图6-7所示。

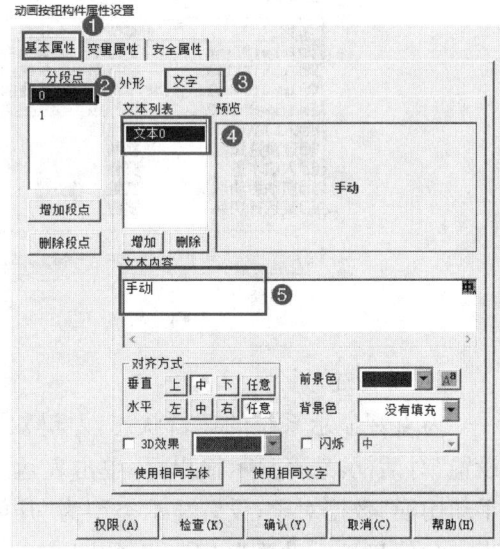

3. 创建数据对象

在系统运行的过程中，入口水位采用脚本程序模拟，有入口水位自动调整泵的运行速度，因此，需要创建5个数据对象。入口水位为浮点数，设置其报警属性，报警类型选择为"值>"，基准值设为"8"，报警描述为"入口水位过高"，如图6-8所示。其他4个数据对象

图6-7　动画按钮文字设置

为整数型,如图 6-9 所示。

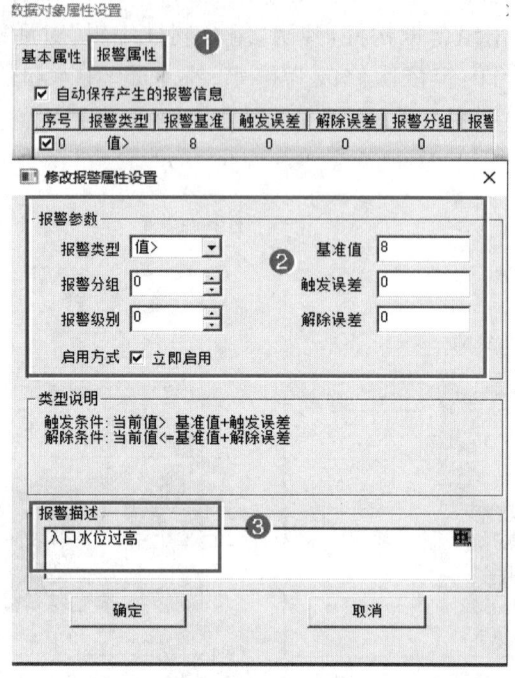

图 6-8　报警属性设置

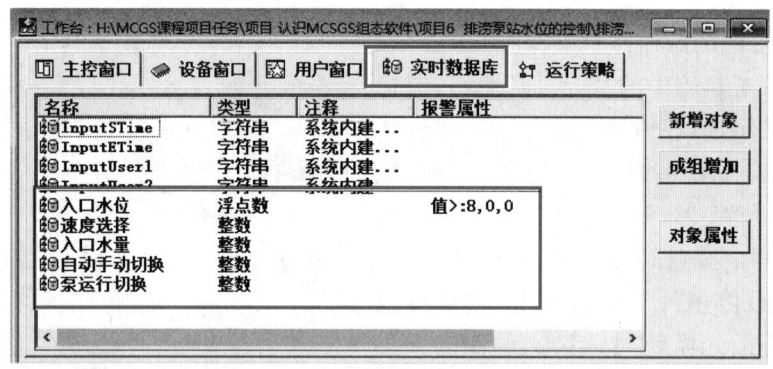

图 6-9　创建数据对象

4. 动画连接

为直观显示系统的运行状态,左键双击运行状态显示标签,弹出"标签动画组态属性设置"对话框,选择显示输出页,单击表达式栏内"?",弹出"变量选择"对话框,选择"自动手动切换"数据对象,设置显示类型为"开关量输出",值非零时信息显示设置为"自动",值为零时信息显示设置为"手动",如图 6-10 所示。

左键双击报警条按钮,弹出"报警条属性设置"对话框,选择基本属性页,单击报警对象栏内"?",弹出变量选择对话框,选择"入口水位"数据对象,其他设置不变,如图 6-11 所示。

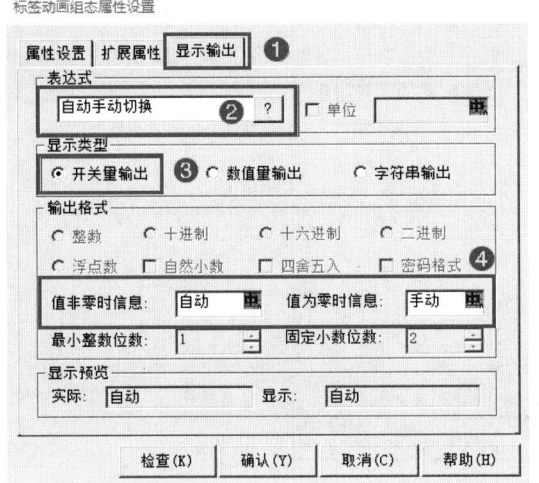

图 6-10 运行状态标签显示输出设置

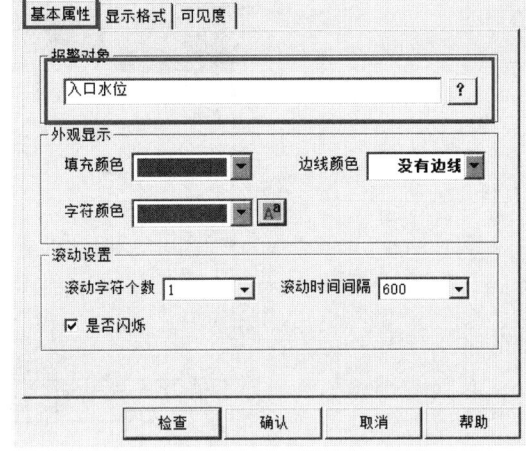

图 6-11 报警条属性设置

左键双击入口水位显示标签,弹出"标签动画组态属性设置"对话框,选择显示输出页,单击表达式栏内"?",弹出变量选择对话框,选择"入口水位"数据对象,显示类型选择为"数值量输出",其他设置不变,如图 6-12 所示。

左键双击流动块构件,弹出"流动块构件属性设置"对话框,选择流动属性页,单击表达式栏内"?"按钮,弹出变量选择对话框,选择"速度选择"数据对象,当表达式非零时选择为"流块开始流动",按照同样的方法,设置其他三个流动块,如图 6-13 所示。

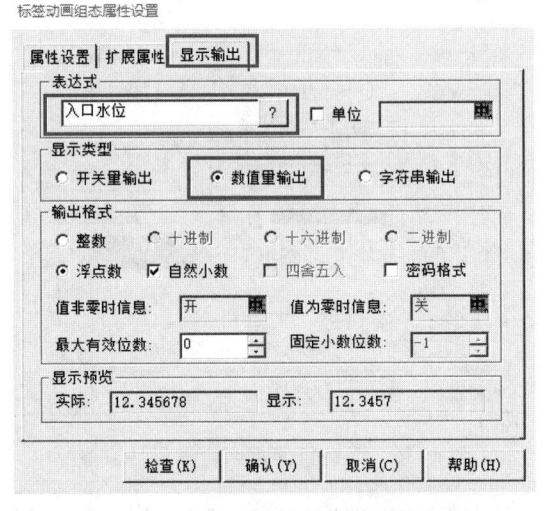

图 6-12 入口水位标签显示属性设置

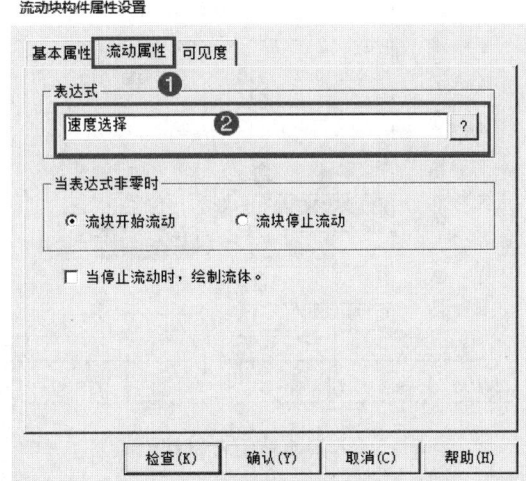

图 6-13 流动块流动属性设置

左键双击泵构件,弹出"单元属性设置"对话框,选择变量列表页,单击表达式栏内"?"按钮,弹出"变量选择"对话框,选择"速度选择"数据对象,如图 6-14 所示。

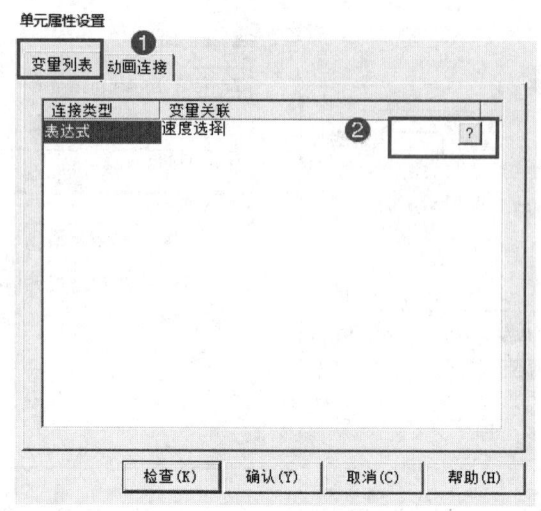

图 6-14 泵动画属性设置

5. 构件动作设置

左键双击入口水量组合框构件,弹出"组合框属性编辑"对话框,选择基本属性页,单击序号关联的"?"按钮,弹出"变量选择"对话框,选择"入口水量"数据对象,如图 6-15 所示。以相同方法,将泵运行速度组合框序号关联的数据对象设置为"速度选择",如图 6-16 所示。

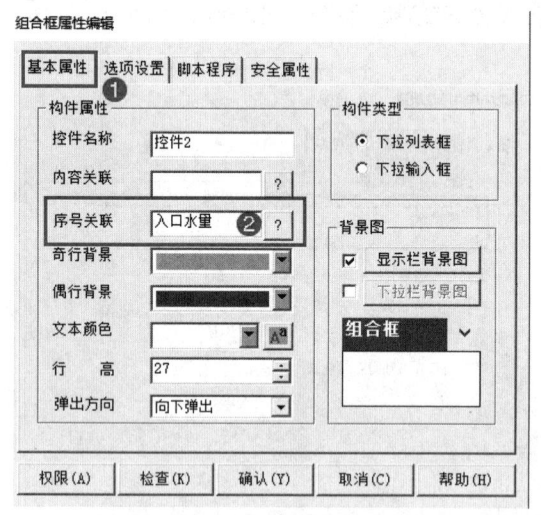

图 6-15 入口水量组合框属性设置

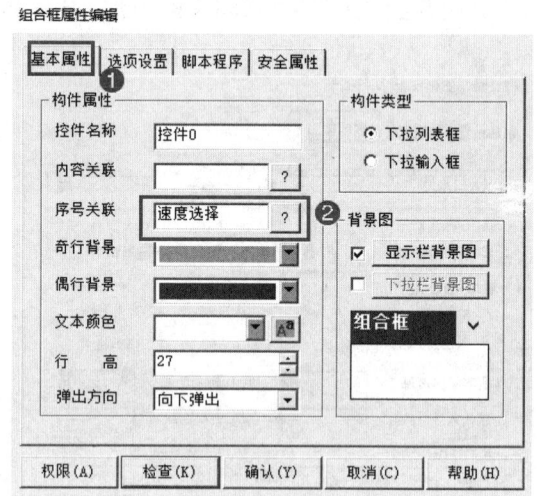

图 6-16 泵运行速度组合框属性设置

左键双击泵启动按钮构件,弹出"标准按钮构件属性设置"对话框,选择操作属性页,勾选"数据对象值操作",单击"?"按钮,弹出"变量选择"对话框,选择"泵运行切换"数据对象,下拉框选择为"置1",如图 6-17 所示。以相同方法将泵停止按钮数据对象值操作下拉框选择为"清0",如图 6-18 所示。

项目 6 排涝泵站水位的控制

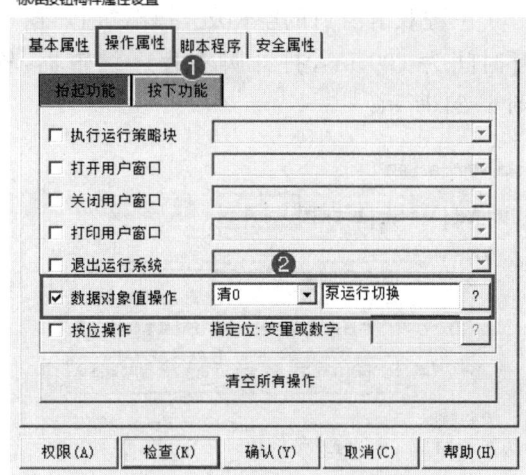

图 6-17 泵启动按钮操作属性设置　　图 6-18 泵停止按钮操作属性设置

左键双击动画按钮构件,弹出"动画按钮构件属性设置"对话框,选择变量属性页,在设置变量栏内类型设置为"布尔操作",单击"?"按钮,弹出"变量选择"对话框,选择"自动手动切换"数据对象,功能选择为"取反",如图 6-19 所示。

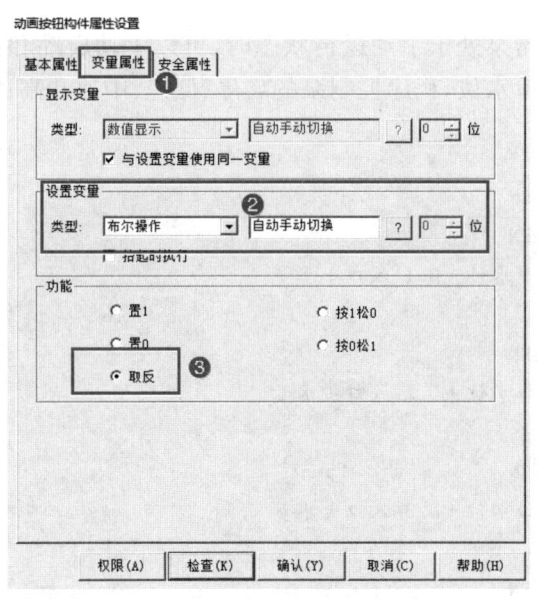

图 6-19　动画按钮构件属性设置

6. 安全性设置

左键双击泵启动按钮构件,弹出"标准按钮构件属性设置"对话框,选择安全属性页,单击使能控制栏内的"?"按钮,弹出"变量选择"对话框,选择"自动手动切换"数据对象,失效样式选择为"加禁用图标";泵停止按钮的安全性设置方法与泵启动按钮一致,设置结果如图 6-20 所示。

7. 编写脚本语言

左键双击窗口的空白处,弹出"用户窗口属性设置"对话框,选择循环脚本页,设置循环时间为 200 ms,打开脚本程序编辑器,输入自动和手动运行状态下的脚本程序,如图 6-21 所示。

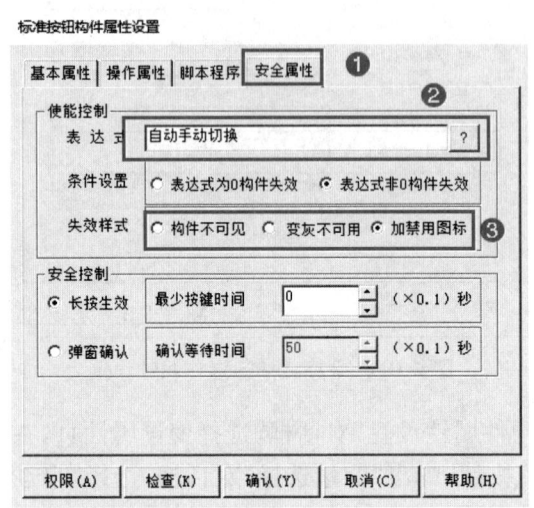

图 6-20 泵启动按钮安全性设置　　　图 6-21 脚本程序

在本任务中,当排涝泵处于手动运行状态时,可以手动启动和停止;当排涝泵处于自动运行状态时,根据入口水位,程序控制泵的启停、低速、中速和高速运行,脚本程序如下。

```
'自动运行状态
IF  自动手动切换 = 1 THEN
    IF  入口水量 = 1 THEN
        入口水位 = 入口水位 + 0.1 '入口小水量
    ENDIF
    IF  入口水量 = 2 THEN
        入口水位 = 入口水位 + 0.2 '入口中水量
    ENDIF
    IF  入口水量 = 3 THEN
        入口水位 = 入口水位 + 0.3 '入口大水量
    ENDIF
    IF  入口水量 = 4 THEN
        入口水位 = 入口水位 + 0.4 '入口超大水量
    ENDIF
    IF  入口水位 < 2 THEN
        速度选择 = 0    '排水泵停止运行
    ENDIF
    IF  入口水位 > 2 AND 入口水位 < 4 THEN
```

```
            速度选择=1    '排水泵低速运行
            入口水位=入口水位-0.05
       ENDIF
   IF   入口水位>4 AND 入口水位<6 THEN
            速度选择=2    '排水泵中速运行
            入口水位=入口水位-0.1
   ENDIF
   IF   入口水位>6    THEN
            速度选择=3    '排水泵高速运行
            入口水位=入口水位-0.2
       ENDIF
ENDIF
'手动运行状态
IF   自动手动切换=0 THEN
   IF   泵运行切换=1 THEN
            速度选择=1    '排水泵低速运行
       ENDIF
   IF   泵运行切换=0 THEN
            速度选择=0    '排水泵停止运行
       ENDIF
ENDIF
```

8. 调试运行

先保存工程文件,然后在菜单栏中选择"工具"和"模拟运行",弹出"下载配置"对话框,在对话框中,运行方式选择为模拟,单击"工程下载"按钮,待工程下载完成后,再单击"启动运行",模拟运行界面如图 6-22 所示。

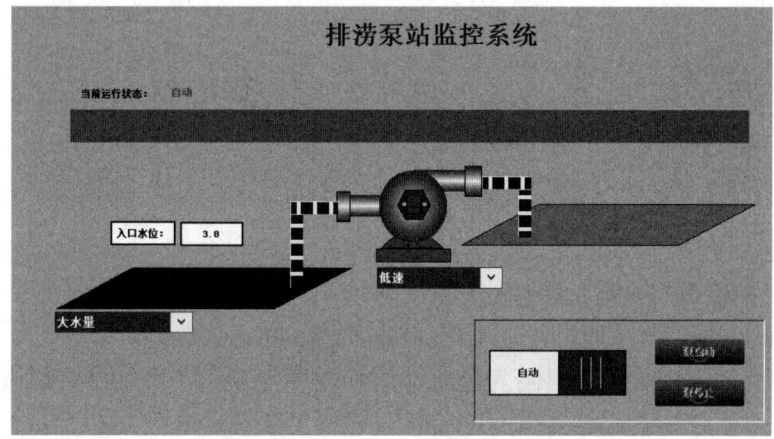

图 6-22 排涝泵站调试运行

三、相关知识学习

1. 流动块

流动块构件是模拟管道内有液体流动状态的动画图形。它具有流动状态和不流动状态两种工作模式,由该构件的流动属性中的流动属性表达式决定。当条件满足时,流动块处于流动状态,流动块构件显示液体在管道内流动的状态,流动的速率由系统的闪烁的频率决定。反之,流动块处于不流动的状态,液体在管道内静止。

组态时,左键双击流动块构件,弹出"流动块构件属性设置"对话框。该构件属性包括基本属性、流动属性和可见度。

1）基本属性

流动块的基本属性决定了流动块的外观特征、流动方向、流动速度等,如图6-23所示。

(1) 流动外观:包括块的长度、块的颜色、块的间隔、填充颜色、侧边距离及边线颜色。

(2) 流动方向:设置构件模拟液体流动时液体的流动方向。

(3) 流动速度:设置构件模拟液体流动时液体的流动速度。

2）流动属性

流动属性设置如图6-24所示。

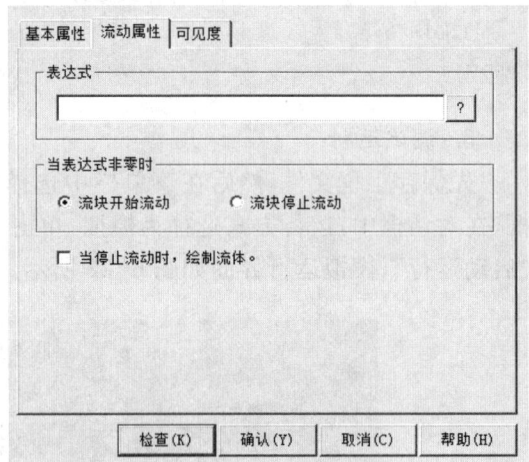

图 6-23　基本属性设置　　　　图 6-24　流动属性设置

(1) 表达式:在本项中输入一个表达式,可以决定流动块开始和停止或通过"?"按钮在表达式列表中选择需要显示的表达式。

(2) 当表达式非零时:确定表达式的值和构件流动的关系。

(3) 当停止流动时,绘制流体:勾选此项,流动块停止流动时,可以绘制流体;反之,不绘制流体。

注意:当流动块块长小于4时,流动块没有流动效果。

3）可见度

可见度设置如图6-25所示。

图 6-25 可见度设置

(1) 表达式:在本项中输入一个表达式,决定流动块是否可见或通过点击"?"按钮,从显示的表达式列表中选择。

(2) 当表达式非零时:指定表达式的值与可见度之间的关系。

2. 报警条

报警条构件以滚动的形式来显示报警内容(俗称"走马灯")。当绑定的变量发生报警时,报警条立即显示变量的报警信息(显示内容为变量报警属性的报警注释),按照从右到左,以设定速度循环滚动;当报警结束后,报警条立即消失。

报警条属性演示

左键双击构件可以调出构件的属性设置页面,报警条属性包括基本属性、格式和可见度。

1) 基本属性

基本属性设置如图 6-26 所示。

(1) 报警对象:可绑定显示的报警对象(浮点数、整数、组对象、空),当设置为空时,报警条运行显示所有报警对象的报警信息,如果不为空则显示指定对象的报警信息。

(2) 外观显示:设置填充颜色、边线颜色和字符颜色。

(3) 滚动设置。

① 滚动字符个数:设置每次滚动的字符个数,设置范围 1~10。

② 滚动时间间隔:设置滚动间隔多长时间滚动一次(单位为 ms),可选速度有 200、400、600、900、1 200。滚动速度与慢闪属性有

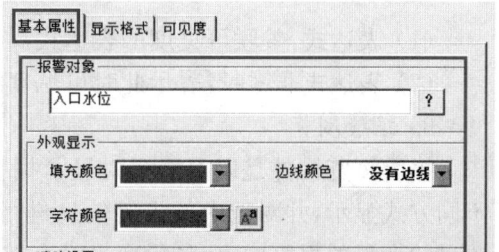

图 6-26 基本属性设置

关,当滚动速度小于慢闪时间时,滚动实际速度为慢闪速度;当滚动速度大于慢闪时间时,

滚动实际速度为略大于滚动速度且为慢闪速度时间整数倍。

（4）是否闪烁：设置报警信息在滚动过程是否伴随闪烁。

2）显示格式

显示格式设置如图 6-27 所示。

（1）显示内容：设置滚动信息包含的内容项，可设置报警发生日期、报警发生时间和报警描述信息。

（2）日期时间：设置显示项中的日期和时间格式。

（3）排序方式：设置多个报警信息滚动时的时间排列方式。新报警在前，表示有多条报警信息时，最新的报警信息先显示。

3）可见度

可见度设置如图 6-28 所示。

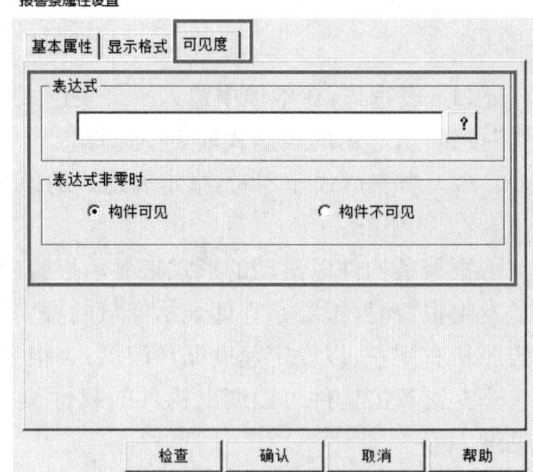

图 6-27　显示格式设置　　　　图 6-28　可见度设置

（1）表达式：关联可见度的表达式。

（2）表达式非零时：表示此时可见度的行为。

3. 报警浏览

报警浏览构件是以表格样式显示报警信息，以历史报警和实时报警两种不同方式显示，并对选中的报警信息进行焦点显示。它只显示报警设置中设置过的变量的报警内容，如果变量没有在报警设置中设置则不显示。

报警浏览控件属性演示

左键双击构件可以调出构件的属性页，报警浏览构件属性包括基本属性、数据来源、显示属性和报警输出。

1）基本属性

基本属性设置包括表格标题的背景颜色和数据区域背景色、数据区域文本颜色、网格及焦点显示设置，如图 6-29 所示。

2）数据来源

数据来源属性可设置报警浏览的显示模式、基本显示参数等，如图 6-30 所示。

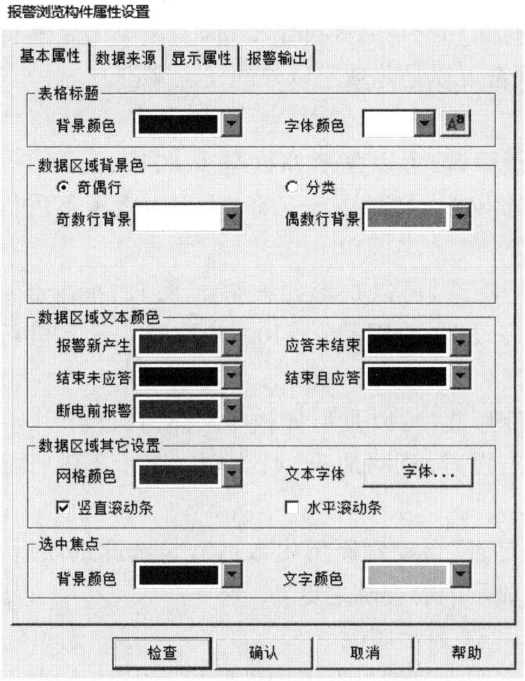

图 6-29 报警浏览基本属性设置

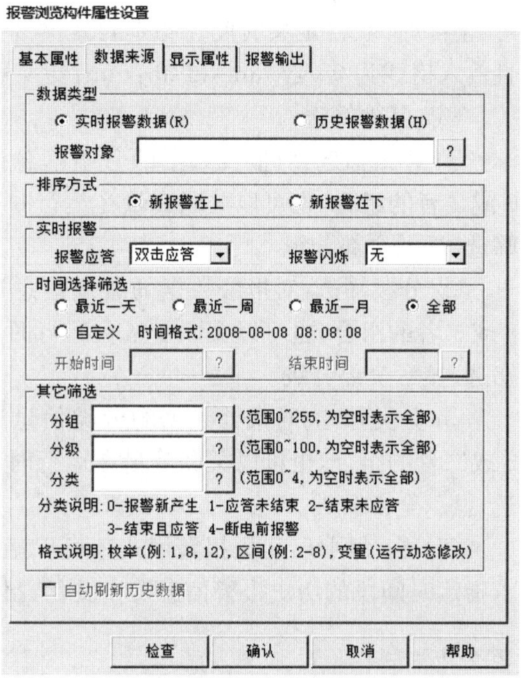

图 6-30 报警浏览构件数据来源

(1) 数据类型。

① 实时报警数据：报警浏览实时显示当前的报警信息。

② 历史报警数据：显示历史报警数据信息。

③ 报警对象：单击"?"按钮可以设置报警浏览构件显示的报警对象。报警对象为空时显示全部变量的报警，报警对象关联单个变量时只显示该变量的报警，报警对象关联组对象时显示该组对象所有成员变量的报警。

a. 当选择整数或浮点数变量且该变量已组态报警，报警浏览构件运行时将只显示该变量产生的报警信息。

b. 当选择组对象后，运行时将显示该组对象中所有已组态报警属性的成员变量的报警信息。

c. 当未设置任何变量时，报警浏览构件将显示所有已组态报警功能的变量的报警信息。

(2) 排序方式：设置报警浏览显示内容的时间排列方式，"新报警在上"表示最新的报警信息在最前面，"新报警在下"表示最新的报警信息在最后面。

(3) 实时报警。

① 报警应答：实时报警有单击应答和双击应答 2 种应答报警方式，在报警浏览构件上应答报警后，该条报警信息显示颜色将会改变，并记录应答报警的时间。

② 报警闪烁：实时报警模式可以组态报警闪烁，达到警示效果。报警闪烁只对未应答的报警有效，闪烁速度有快、中、慢 3 个等级可选。

(4) 时间选择筛选:可指定报警的发生时间范围,包括最近一天、最近一周、最近一月、全部时间、自定义时间。指定自定义开始时间和结束时间绑定变量,变量类型是字符且输入格式为"yyyy-mm-dd hh:mm:ss",分割符可以是除数字以外的任意字符。

(5) 其他筛选。

① 分组筛选:对报警数据的分组信息进行筛选,可以是形如枚举 1、8、12、范围 3~6 或二者的组合,也可以关联变量在运行时动态设置;范围是 0~255;为空时表示不进行筛选,显示全部分组。

② 分级筛选:对报警数据的分级信息进行筛选,可以是形如枚举 1、8、12、范围 3~6 或二者的组合,也可以关联变量在运行时动态设置;范围是 0~100;为空时表示不进行筛选,显示全部分级。

③ 分类筛选:对报警数据的分类信息进行筛选,可以是形如枚举 1、8、12、范围 3~6 或二者的组合,也可以关联变量在运行时动态设置;范围是 0~4;为空时表示不进行筛选,显示全部分类。

(6) 自动刷新:历史报警模式还可以指定是否"自动刷新历史数据",勾选此选项后,若指定时间段的历史报警信息发生变化,报警显示内容会随之更新。

3) 显示属性

显示属性可设置构件的显示内容及列宽、表格样式、日期格式及行列显示,如图 6-31 所示。

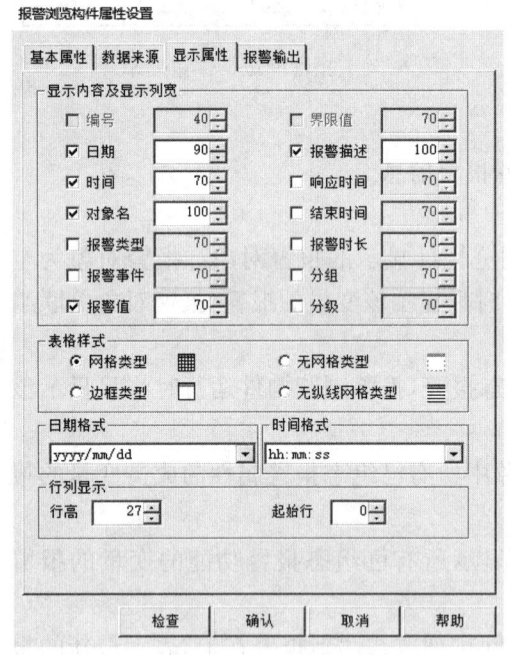

图 6-31 报警浏览构件显示属性设置

(1) 显示内容及列宽:指定报警信息的列字段及其列宽。其中报警事件字段只有实时报警模式才能组态;编号和结束时间字段只有历史报警模式才能组态。列宽设置范围为 1~65 535。其中,"日期"和"时间"指的是报警的发生时间,"报警值"为报警发生时的值,"报警时长"指报警产生到结束时间间隔,"分组"指的是组态时设置的报警分组,"分级"指的是组态时设置的报警分级。

(2) 表格样式:表格样式指定构件的表格样式,包括网格类型、边框类型、无网格类型、无纵线网格类型 4 类。

(3) 日期格式:指定字段中的日期格式,包括"yyyy/mm/dd""mm/dd/yyyy""dd/mm/yyyy"和"yyyy 年 mm 月 dd 日"四种格式。

(4) 时间格式:指定字段中的时间格式和报警时长显示格式,包括"hh:mm:ss""hh:mm:ss""hh 时 mm 分 ss 秒"三种格式。

(5) 行列显示。

① 行高:设置表格每一行行高,设置范围为 1~65 535。

② 起始行：仅实时报警模式有效，设置初始化时显示的起始行位置，设置范围为：0～10 000；该值在运行中可通过脚本方法修改进而实现跳转。

4）报警输出

报警信息输出设置如图 6-32 所示。

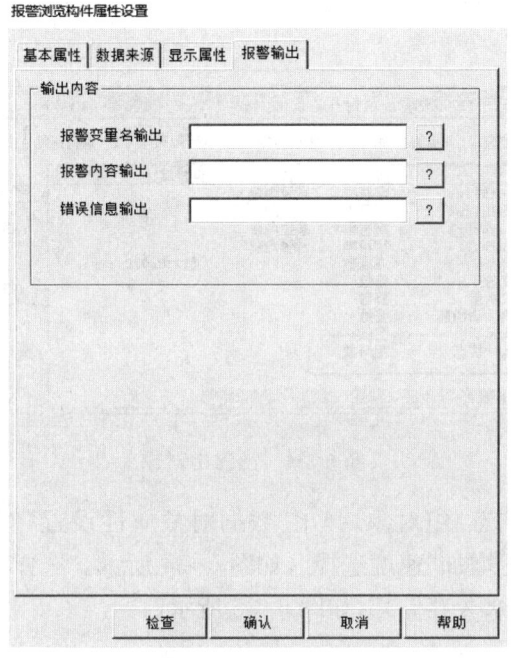

图 6-32　报警浏览构件报警输出设置

（1）报警变量名输出：关联一个字符串变量，将焦点行对应的变量名称输出到字符串变量中。

（2）报警内容输出：关联一个字符串变量，将焦点行对应的报警描述输出到字符串变量中。

（3）错误信息输出：关联一个字符串变量，构件操作中产生的错误将输出到该变量中。

任务 6.2　水位曲线显示设计

水位曲线显示设计演示

一、任务要求

在任务 6.1 的基础上，为实时记录入口水位的变化，可用实时曲线构件记录显示一段时间内入口水位的动态变化，用于分析河流的水文信息。为监控泵的运行状态，用历史曲线构件记录泵停止、低速、中速和高速运行的时间，便于泵的故障排查。

二、任务实施

1. 界面设计

在任务 6.1 基础上，添加实时曲线和历史曲线构件。单击工具箱中的"实时曲线"构件,鼠标的光标呈"十"字形,在窗口中绘制出大小合适的实时曲线图框;单击工具箱中"历史曲线"图标,鼠标的光标呈"十"字形,在窗口中绘制出大小合适的历史曲线显示图框,如前文图 6-1 所示。

2. 创建数据对象

在任务 6.1 的实时数据库的基础上,创建一个名称为"泵运行状态"的组对象,如图 6-33 所示。

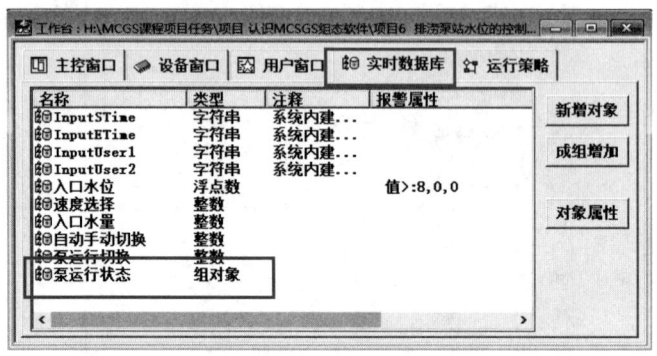

图 6-33　创建组对象

左键双击"泵运行状态"组对象,弹出"数据对象属性设置"对话框,选择组对象成员页,在组对象成员列表里增加"速度选择",如图 6-34 所示。选择存盘属性页,存盘方式选择为"定时存储到磁盘(永久存储)",如图 6-35 所示。

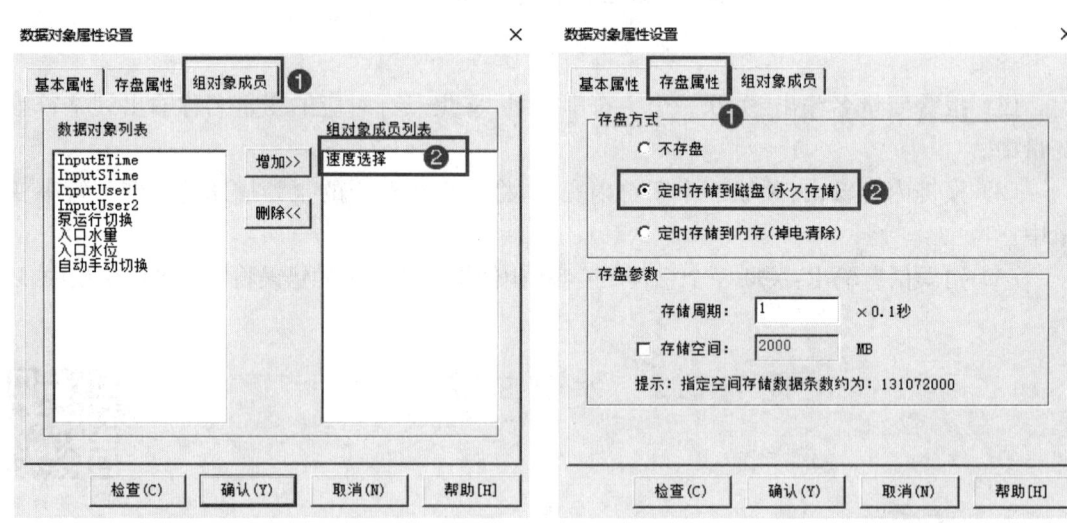

图 6-34　组对象成员设置　　　　　图 6-35　组对象存盘属性设置

3. 变量连接

左键双击实时曲线构件,弹出"实时曲线构件属性设置"对话框,选择画笔属性页,单击曲线 1 内的"?"按钮,弹出"变量选择"对话框,选择"入口水位"数据对象。其他设置不变,如图 6-36 所示。

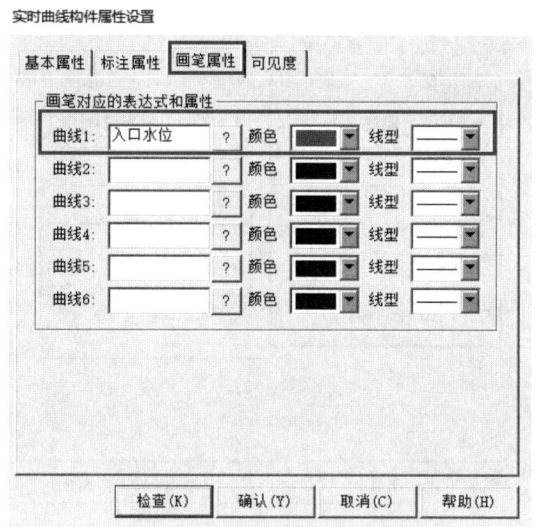

图 6-36 实时曲线变量连接

左键双击历史曲线构件,弹出"历史曲线构件属性设置"对话框,选择数据来源页,单击数据来源内的"?"按钮,弹出"变量选择"对话框,选择"泵运行状态"组对象。其他设置不变,如图 6-37 所示。选择曲线设置页,勾选"曲线 1",在曲线内容下拉框中选择"速度选择",其他设置不变,如图 6-38 所示。

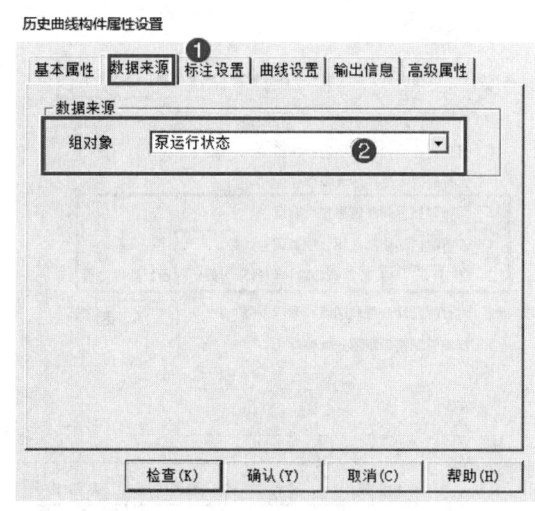

图 6-37 历史曲线变量连接

图 6-38 历史曲线显示内容选择

4. 曲线属性设置

左键双击实时曲线构件,弹出"实时曲线构件属性设置"对话框,选择标注属性页,X轴标注区域内,时间格式下拉框内选择为"SS",时间单位下拉框内选择为"秒钟";Y轴标注区域内,最大值设为"10",其他设置不变,如图 6-39 所示。

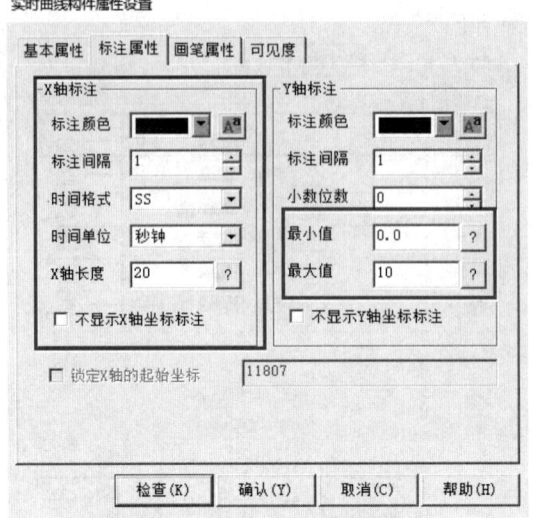

图 6-39 实时曲线标注属性设置

左键双击历史曲线构件,弹出"历史曲线构件属性设置"对话框,选择标注属性页,X 轴标识设置区域内,时间单位下拉框内选择为"分",时间格式下拉框内选择为"分:秒";曲线起始点区域内,选择"当前时刻的存盘数据",其他设置不变,如图 6-40 所示。选择高级属性页,勾选"运行时显示曲线信息显示窗口"和"运行时自动刷新数据,刷新周期 1 秒",如图 6-41 所示。

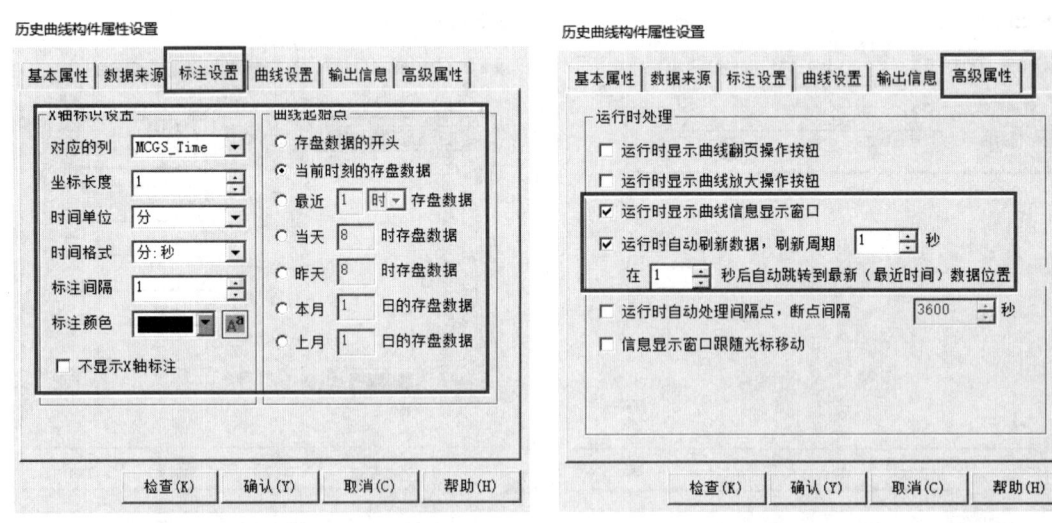

图 6-40 历史曲线标注设置   图 6-41 历史曲线高级属性设置

5. 调试运行

先保存工程文件,在菜单栏中选择"工具"和"模拟运行",弹出"下载配置"对话框,在对话框中,运行方式选择为模拟,单击"工程下载"按钮,待工程下载完成后,再单击"启动运行",模拟运行界面如图 6-42 所示。

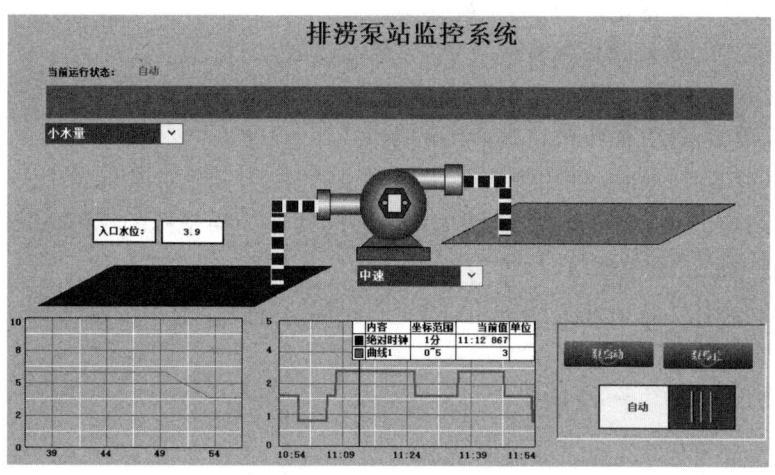

图 6-42 水位曲线调试运行

三、相关知识学习

1. 实时曲线构件

实时曲线构件是用曲线显示一个或多个变量数值的动画图形,像记录仪一样实时记录变量值的变化情况。实时曲线构件以绝对时间为横轴标度时,构件显示的是变量的值与时间的函数关系。实时曲线构件以相对时钟为横轴标度时,须指定一个表达式来表示相对时钟,构件显示的是变量的值相对于此表达式值的函数关系,从而实现记录一个变量相对另一个变量的变化曲线。可支持 6 条曲线,每条曲线最多 300 个数据点。

组态时用鼠标双击实时曲线构件,弹出"实时曲线构件属性设置"对话框。本构件属性包括基本属性、标注属性、画笔属性和可见度。

1) 基本属性

实时曲线基本属性设置如图 6-43 所示。

实时曲线属性演示

图 6-43 实时曲线基本属性设置

(1) 背景网格:设置坐标网格的数目、颜色、线型。
(2) 背景颜色:设置曲线的背景颜色(含透明色)。
(3) 边线颜色:设置曲线窗口的边线颜色。
(4) 边线线型:设置曲线窗口的边线线型。
(5) 曲线类型:"绝对时钟趋势曲线"用系统时间作为横坐标的标度,显示变量值随时间的变化曲线;"相对时钟趋势曲线"用指定的表达式作为横坐标的标度,显示一个变量相对于另一个变量的变化曲线。
(6) 不显示网格:选中此复选框,在构件的曲线窗口中不显示坐标网格。

2) 标注属性

标注属性设置如图 6-44 所示。

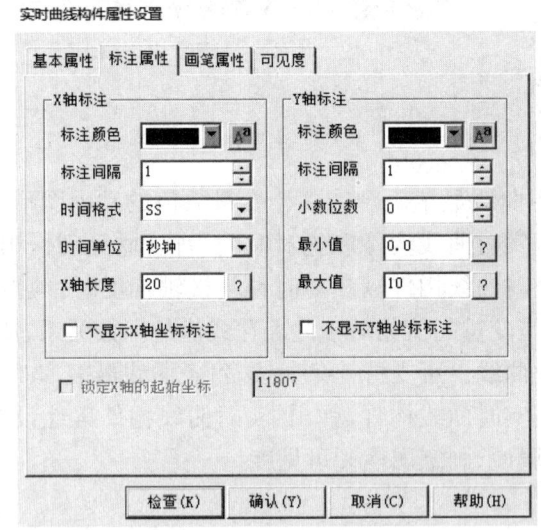

图 6-44 标注属性设置

(1) X 轴标注:设置 X 轴标注文字的颜色、标注间隔、字体和 X 轴的长度。当曲线的类型为"绝对时钟趋势曲线"时,需要指定时间格式、时间单位。X 轴的长度以指定的时间单位为单位;当曲线的类型为"相对时钟趋势曲线"时,指定 X 轴标注的小数位数和 X 轴的最小值(建议"相对时钟趋势曲线"表达式初值大于最小值小于最大值,否则 X 轴坐标会经过复杂的计算,将导致显示不可控)。选中"不显示 X 轴坐标标注"复选框,将不显示 X 轴的标注文字。

(2) Y 轴标注:设置 Y 轴的标注颜色、标注间隔、小数位数和 Y 轴坐标的最大、最小值以及标注字体。选中"不显示 Y 轴坐标标注"复选框,将不显示 Y 轴的标注文字。

(3) 锁定 X 轴的起始坐标:只有当选择"绝对时钟趋势曲线",并且将时间单位选取为"小"时,此项才可以被选中,当选中后,X 轴的起始时间将定在所填写的时间位置,取值范围为[0,23]。

3) 画笔属性

画笔属性设置如图 6-45 所示。

画笔对应的表达式和属性:一条曲线相当于一支画笔,一个实时曲线构件最多可同时显示六条曲线。除需要设置每条曲线的颜色和线型以外,还需要设置曲线对应的表达式,该表达式的实时值将作为曲线的 Y 坐标值。可以按表达式的规则建立一个复杂的表达式,也可以只简单地指定一个变量作为表达式。

4) 可见度

可见度属性设置如图 6-46 所示。

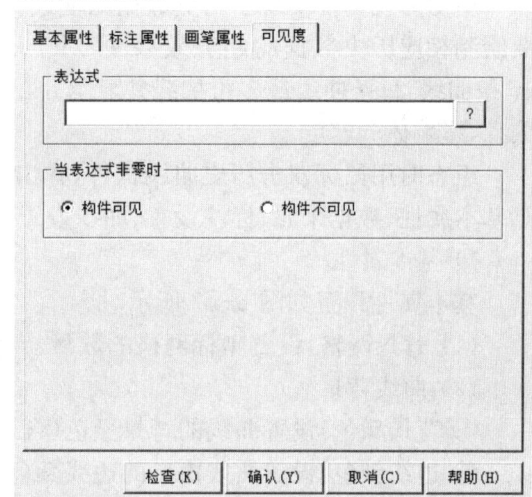

图 6-45　画笔属性设置　　　　　　图 6-46　实时曲线可见度设置

(1) 表达式:本项中输入一个表达式用于控制构件是否可见或通过"?"从显示的表达式列表中选取,不置任何表达式时,构件始终可见。

(2) 当表达式非零时。

① 构件可见:当表达式的值为非 0 时,构件可见。

② 构件不可见:当表达式的值为非 0 时,构件不可见。

5) 构件方法

实时曲线常用的构件方法见表 6-1。

表 6-1　实时曲线常用构件方法说明

方法名	含义	实例
EnableAutoCollect()	允许实时曲线按照窗口刷新周期从实时数据库中获取变量的值来绘制曲线	窗口0.控件0.EnableAutoCollect()
DisableAutoCollect()	禁止实时曲线按照窗口刷新周期从实时数据库中获取变量的值来绘制曲线	窗口0.控件0.DisableAutoCollect()
GetDrawMode()	获取曲线绘制模式,只对相对时钟曲线有效	窗口0.控件0.GetDrawMode()

（续表）

方法名	含义	实例
SetDrawMode(para)	设置曲线绘制模式，只对相对时钟曲线有效	窗口0.控件0.SetDrawMode(1)
ClearData()	清除屏幕上已经绘制的曲线	窗口0.控件0.ClearData()

2. 历史曲线构件

历史曲线构件实现了历史数据的曲线浏览功能。运行时，历史曲线构件能够根据需要绘制相应历史数据的趋势效果图，对于历史数据的变化有很好的呈现和描述。支持16条曲线，每条曲线最多可加载并显示86 400个数据点；曲线不宜过多，否则会消耗太多内存，影响体验速度。

组态时用鼠标双击历史曲线构件，弹出"历史曲线构件属性设置"对话框。本构件包括基本属性、数据来源、标注设置、曲线设置、输出信息和高级属性。

1) 基本属性

基本属性设置如图6-47所示。

(1) 背景网格：设置坐标网格的数目、颜色、线型。

(2) 曲线背景。

① 背景颜色：设置曲线的背景颜色(含透明色)。

② 边线颜色：设置曲线窗口的边线颜色。

③ 边线线型：设置曲线窗口的边线线型。

④ 不显示网格：选中此复选框，在构件的曲线窗口中不显示坐标网格。

2) 数据来源

数据来源设置如图6-48所示，该属性用于设置历史存盘数据的来源，可以设置组对象对应的存盘数据作为数据来源。

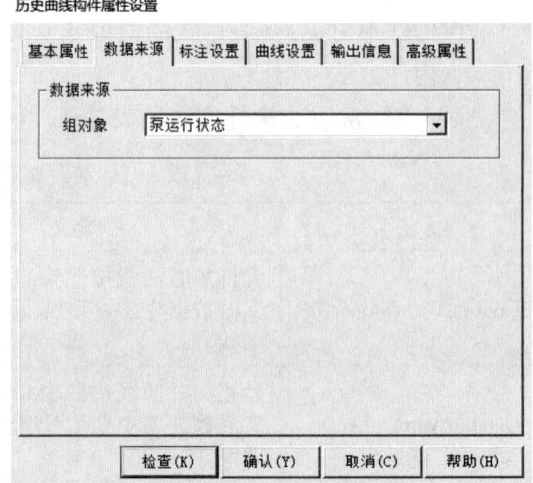

图6-47 基本属性   图6-48 数据来源

3）标注设置

标注设置属性如图 6-49 所示。

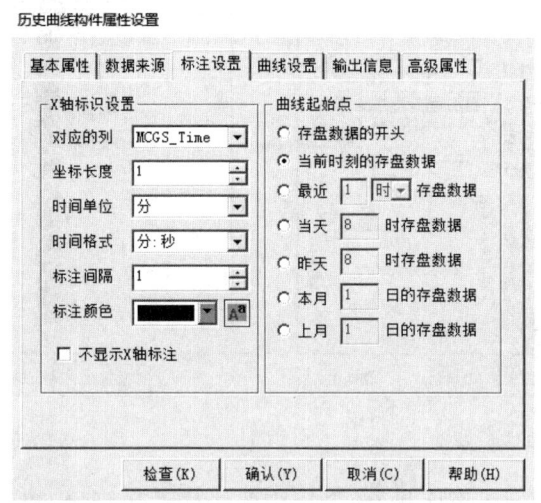

图 6-49 标注设置

（1）X 轴标识设置：组态 X 轴坐标数据来源和坐标范围。对应的列为 X 轴数据来源，只能选择 MCGS_Time；坐标长度取值范围为 1～10 000；时间单位可选择年、月、天、时、分、秒；时间格式为组态 X 轴标注显示格式，可选择"年—月—日时：分：秒"等格式；标注间隔取值范围为 1～8；标注颜色以及标注字体；选中"不显示 X 轴坐标标注"复选框，将不显示 X 轴的标注文字。

（2）曲线起始点：设置一个时间作为历史曲线开始绘制的起点时间。存盘数据的开头为以数据来源中的组对象的存盘数据的开头作为曲线的起始点；当前时刻的存盘数据以系统当前时间倒推一个坐标长度得出的时间作为曲线的起始点；最近某时刻存盘数据以系统当前时间为参考点，计算距离当前时间某一时刻的时间作为曲线的起始点；当前某时的存盘数据以当天指定时刻的时间作为曲线的起始点；昨天某时的存盘数据以昨天指定时刻的时间作为曲线的起始点；本月某日的存盘数据以本月指定日的零时刻的时间作为曲线的起始点；上月某日的存盘数据以上月指定日的零时刻的时间作为曲线的起始点。

4）曲线设置

曲线设置属性如图 6-50 所示。

曲线内容：必须为数据来源中组对象的成员绘制该内容的曲线；工程单位及小数位数在输出信息中体现，该文本支持多语言；最小坐标及最大坐标设置的是该条曲线 Y 的坐标值，只能显示曲线 1 的最小最大值；选中"不显示 Y 轴标注"复选框，将不显示 Y 轴的标注文字。

5）输出信息

输出信息属性设置如图 6-51 所示。用于设置历史曲线运行状态下，鼠标单击时刻的曲线信息存储在相应的数据对象中。

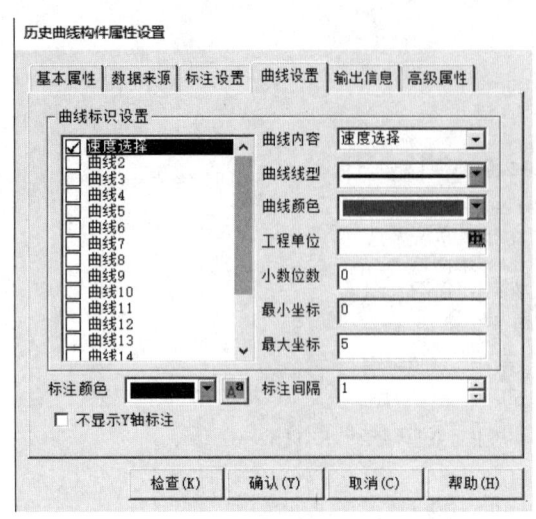

图 6-50 曲线设置

图 6-51 输出信息设置

曲线输出信息：序号 01 至序号 05 是历史曲线构件运行状态时，鼠标单击位置相应时刻的坐标信息。序号 06 以后为历史曲线构件中对应曲线鼠标单击时刻相应的曲线数值。

输出变量：鼠标单击历史曲线构件相应时刻的曲线坐标信息和相应曲线的当前值输出到实时数据库对应的数据对象中。

类型：为对应输出变量列中对应数据对象的数据类型，无实际意义。

6) 高级属性

高级属性设置如图 6-52 所示，该属性中的功能为用户自定义功能，选中某一功能的复选框则表示在运行时使用该功能，反之，在运行时不使用该功能。

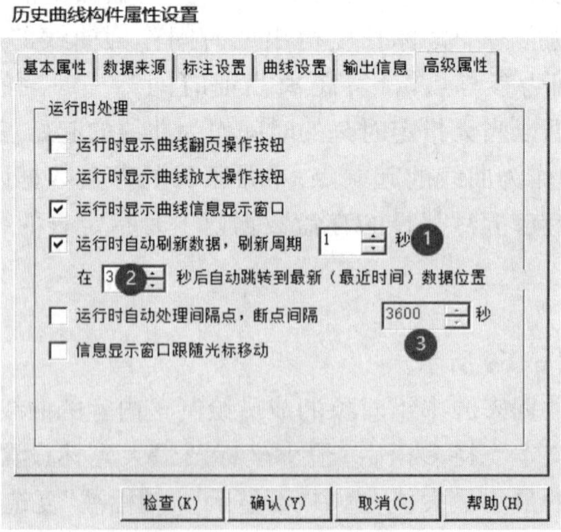

图 6-52 高级属性设置

(1) 运行时显示曲线翻页操作按钮：表示在运行时将显示相应曲线翻页操作按钮，如图 6-53 所示。

图 6-53 曲线翻页操作按钮

(2) 运行时显示曲线放大操作按钮:表示在运行时将显示 X 轴和 Y 轴的缩放按钮,可通过拖动该缩放按钮实现查看不同区间的曲线。

(3) 运行时显示曲线信息显示窗口:表示在运行时,当鼠标在曲线上移动,则可检视鼠标当前位置上曲线的值并输出到信息输出窗口上。

(4) 运行时自动刷新数据:在设置刷新周期为 1 秒(如图 6-52 所示),则表示每隔 1 秒自动刷新曲线数据。在 3 秒(图 6-52)自动调整到最近数据,则表示曲线当前界面无任何操作的情况下,每隔 3 秒刷新一次曲线显示数据。

(5) 运行时自动处理间隔点,断点间隔:设置断点间隔时间 3 600 秒(图 6-52),则运行时间每隔 3 600 秒,曲线截断一次,绘制下一条曲线。

(6) 信息显示窗口跟随光标移动:该功能只在使用了"运行时显示曲线信息显示窗口"功能的条件下有效,表示运行时,当鼠标在曲线上移动时,信息输出窗口始终跟随光标移动。

7) 构件方法

历史曲线常用的构件方法见表 6-2。

表 6-2 历史曲线方法说明

方法名	含义	实例
SetXStart(Stime)	设置 X 轴起始时间	脚本方法.控件 1.SetXStart("2000-01-01 03:12:12") 表示将 X 轴的起点时间设置为 2000 年 1 月 1 日,3 点 12 分 12 秒
GetXStart()	获取 X 轴的起始时间	时间=脚本方法.控件 1.GetXStart() 表示获取 X 轴的起始时间
SetXLength(Xlen)	设置 X 轴长度	脚本方法.控件 1.SetXLength(5) 设置 X 轴长度为 5
GetXLength()	获取 X 轴的长度	长度=脚本方法.控件 1.GetXLength() 获取 X 轴的长度
SetXUnit(Xunit)	设置 X 轴长度的单位	脚本方法.控件 1.SetXUnit("分") 设置 X 轴长度的单位为"分"
GetXUnit()	获取 X 轴长度的单位	单位=脚本方法.控件 1.GetXUnit() 获取 X 轴的长度单位
SetXZoomFactor(Xzoom)	设置 X 轴放大倍数	脚本方法.控件 1.SetXZoomFactor(2) 设置 X 轴放大 2 倍
GetXZoomFactor()	获取 X 轴放大倍数	X 轴放大=脚本方法.控件 1.GetXZoomFactor() 获取 X 轴的放大倍数

（续表）

方法名	含义	实例
SetYZoomFactor（Yzoom）	获取Y轴放大倍数	Y轴放大＝脚本方法.控件1.GetYZoomFactor（）获取Y轴的放大倍数
SetInfoWndVisible（Vstate）	设置信息窗口的显示/隐藏状态	脚本方法.控件1.SetInfoWndVisible（1）设置信息窗口为显示
GetInfoWndVisible（）	获取信息窗口的显示/隐藏状态	显示状态＝脚本方法.控件1.GetInfoWndVisible（）获取当前信息显示窗口的状态
SetZoomCursorVisible（Cstate）	设置游标的显示/隐藏状态	脚本方法.控件1.SetZoomCursorVisible（1）设置游标为显示
GetZoomCursorVisible（）	获取游标的显示/隐藏状态	脚本方法.控件1.GetZoomCursorVisible（）获取当前游标显示的状态
SetTrendVisible（Tno，Tvisible）	设置指定曲线的显示/隐藏状态	脚本方法.控件1.SetTrendVisible（1,1）设置曲线1可见
GetTrendVisible（Tno）	获取指定曲线的显示/隐藏状态	脚本方法.控件1.GetTrendVisible（1）获取曲线1显示的状态
SetTrendRange（Tno，Max，Min）	设置指定曲线的Y坐标的最大、最小值	脚本方法.控件1.SetTrendRange（1,100,0）设置曲线1的Y坐标的最大值为100,最小值为0
GetTrendRange（Tno，Max，Min）	获取指定曲线的Y坐标的最大、最小值	脚本方法.控件1.GetTrendRange（1，Max，Min）获取曲线1的Y坐标当前的极值
ShowTimeDialog（）	显示曲线起始时间对话框	脚本方法.控件1.ShowTimeDialog（）曲线起始时间对话框弹出显示
XMovePrev（）	X坐标向前移动一个主刻度	脚本方法.控件1.XMovePrev（）
XMoveNext（）	X坐标向后移动一个主刻度	脚本方法.控件1.XMoveNext（）
XPageUp（）	X坐标向前移动一页	脚本方法.控件1.XpageUp（）
XPageDown（）	X坐标向后移动一页	脚本方法.控件1.XpageDown（）
XMoveToBegin（）	X坐标移动到最前面	脚本方法.控件1.XmoveToBegin（）
XMoveToEnd（）	X坐标移动到最后面	脚本方法.控件1.XmoveToEnd（）
YMoveUp（）	Y坐标向上移动一个主刻度	脚本方法.控件1.YmoveUp（）
YMoveDown（）	Y坐标向下移动一个主刻度	脚本方法.控件1.YmoveDown（）
YPageUp（）	Y坐标向上移动一页	脚本方法.控件1.YpageUp（）
YPageDown（）	Y坐标向下移动一页	脚本方法.控件1.YpageDown（）

(续表)

方法名	含义	实例
SetAutoRefresh(Rstate)	设置自动刷新状态	脚本方法.控件1.SetAutoRefresh(1) 设置构件自动刷新
GetAutoRefresh()	获取设置自动刷新状态	构件刷新＝脚本方法.控件1.GetAutoRefresh() 获取构件自动刷新的状态

3. 组合框

组合框构件本质上是一个特殊的输入型构件,最终目的是对构件的数据关联对象进行赋值操作,赋值方式:点击下拉项赋值并显示、改变 ID 关联变量值赋值并显示、弹出输入键盘输入赋值并显示(下拉输入框)。

由于组合框构件的多样性,用户可以组合不同类型的组合框构件,完成大部分的手工输入工作,再结合组合框构件的属性和方法脚本以及和实时变量的无缝连接,整个系统功能得到了增强。该系列产品组合框构件由三个部分组成:组态环境组合框构件设计、运行环境组合框构件操作和运行环境组合框构件脚本函数。

组态时用鼠标双击组合框构件,弹出"组合框属性编辑"对话框。本构件包括基本属性、选项设置、脚本程序和安全属性。

1) 基本属性

基本属性设置如图 6-54 所示。

图 6-54 组合框基本属性

(1) 构件属性。

① 控件名称:设置组合框构件的名称。

② 内容关联:设置输出到实时数据库变量的名称,可设置整数、浮点数、字符串变量。

③ 序号关联:设置选项 ID 号关联的实时数据库变量。选择不同下拉选项后,关联变量值相应改变;或者关联变量值改变后,选项随之改变。

④ 奇行背景:设置组合框构件编辑显示部分背景颜色及下拉列表奇行颜色。

⑤ 偶行背景：设置组合框下拉列表偶行背景颜色。
⑥ 文本颜色：设置组合框构件编辑显示部分文字颜色。
⑦ 文本字体：设置组合框构件编辑显示部分和下拉菜单部分文字字体。
⑧ 行高：设置显示栏和下拉列表行高。
⑨ 弹出方向：指定运行时下拉列表弹出方向。

（2）构件类型：该系列产品仅支持下拉列表框和下拉输入框类型。下拉输入框的编辑显示区域可以点击输入，下拉列表框则不能输入，只能通过下拉选项选择。

（3）背景图：勾选显示栏背景图左侧的复选框，激活显示栏背景图按钮，再单击显示栏背景图按钮，弹出元件图库管理对话框，选择需要在组合框栏内显示的背景图；勾选下拉栏背景图左侧的复选框，激活下拉栏背景图按钮，再单击下拉栏背景图按钮，弹出元件图库管理对话框，选择需要在下拉框栏内显示的背景图。

2）选项设置

在选项设置栏中每一行配置一个下拉选项，并对应一个序号，如图 6-55 所示。

（1）静态选项：设置下拉列表选项为固定内容。
（2）动态选项：设置下拉列表选项从关联字符串变量中读取。

3）脚本程序

脚本程序可以设置组合框构件选项发生变化后，执行组态的脚本程序，如图 6-56 所示。

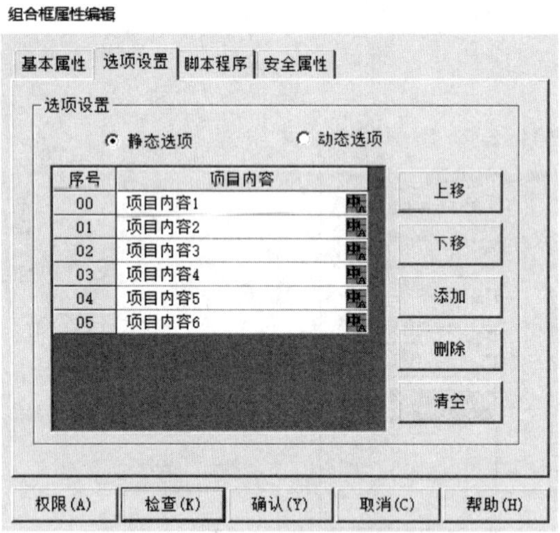

图 6-55　组合框选项设置 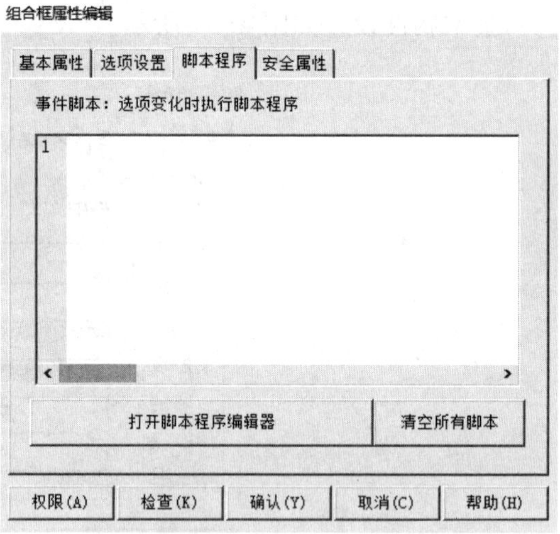　　　　　　　图 6-56　组合框脚本程序

4）安全属性

安全属性设置如图 6-57 所示。

安全属性是指构件在系统运行中是否可操作，由指定的表达式的值决定。

（1）使能控制。

① 表达式：本项中可以输入一个表达式，用表达式的值来控制构件是否可操作（即使能状态）。如不设置任何表达式，则运行时，构件始终处于可操作状态。可使用右侧的"？"按钮查找并设置所需的表达式。

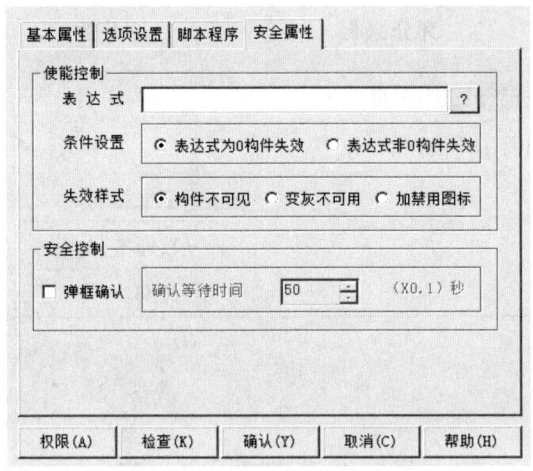

图 6-57 组合框安全属性设置

② 条件设置：指定表达式的值与构件使能状态相对应。

③ 失效样式：指定构件不可操作时(构件失效)构件的外观状态。

(2) 安全控制。

① 弹框确认：弹框确认可实现在组合框选项变化前对操作进行确认，以达到安全操作目的。

② 确认等待时间：指定弹出确认对话框自动消失的时间间隔。

 项目评价

按表 6-3 进行本项目的评价与总结。

表 6-3 项目评价表

学期	工作形式		他人评分		实际完成时间	
	□个人 □小组分工 □小组		□是 □不是			
评分内容	评分标准	分数	学生评分	教师评分	得分
界面设计	符合设计要求、整齐、美观	20 分			
实时数据库	正确定义各类数据对象	10 分			
变量连接	正确设置变量属性、与数据库的连接	10 分			
编写脚本程序	自动脚本程序(25 分) 手动脚本程序(5 分)	30 分			
实时曲线绘制	设置正确,能显示曲线	10 分			
历史曲线绘制	设置正确,能显示曲线	10 分			

(续表)

评分内容	评分标准	分数	学生评分	教师评分	得分
总体调试	系统运行正确,界面美观	10 分			
考核时间 30 分钟	每超时 10 分钟扣 5 分				
总分		学生签名:			
		教师签名:			
		日期:			

张光斗:江河无言坝为证

张光斗是我国水利水电事业主要开拓者之一,被称为"水利泰斗"。

于 1912 年 5 月 1 日出生于江苏省常熟县鹿苑镇的一个贫苦家庭,全家的收入都依靠在常熟县福山镇当职员的父亲。母亲是一位家庭主妇,拉扯张光斗和他的四个兄弟姐妹长大。

张光斗从小学习刻苦,15 岁就凭借优异的成绩进入上海交通大学预科班,并于 3 年后升入上海交通大学学习土木工程。1934 年 7 月,张光斗考取了清华大学水利工程专业留美公费生。

张光斗先是听从导师汪胡桢的建议,前往美国加利福尼亚州立大学伯克利分校攻读水利工程专业。1936 年 5 月张光斗获得硕士学位之后,考虑到自身在力学和土力学方面的不足,又前往哈佛大学就读工程力学专业,师从时任哈佛大学工程研究生院院长威斯脱伽特教授。

然而,张光斗发现当时美国种族歧视之风正盛,身为中国人的张光斗常常受到歧视。在给清华大学校长梅贻琦的信中,张光斗写道:"美人对国人颇轻视,常以中日事件讥讽吾人。生只能忍受,自加勉励,埋头求学以备翌日为国家尽力,而精神之痛苦非在国内所能受得者。"

1937 年,本可以继续攻读博士学位的张光斗决定回国,不顾导师威斯脱伽特的多次挽留,毅然回到祖国参加抗日。

回国之后张光斗一心要为抗日出力,婉拒了时任清华大学工学院院长施嘉炀教授让其在云南大学任教的邀请,辗转前往四川省长寿县龙溪河水力发电工程处工作。

1937 年至 1942 年,张光斗负责设计了桃花溪、仙女硐和鲸鱼口等水电站。虽然这一批水电站装机容量很小,只有 600 到 3 000 千瓦,但这是中国人第一次独立自主设计的一批水电站。这批水电站在建成之后为长寿县和万县的军工事业提供了电力,有力地支援了抗战,同时为后续的水利设施建设积累了宝贵的经验。

新中国成立后,张光斗于 1951 年参与负责的一个重要项目是人民胜利渠渠首闸的布置和设计。人民胜利渠渠首位于黄河北岸的武陟县,水渠修筑之前该地常年受盐碱化的影响,导致粮食产量低、质量差。张光斗在实地考察之后决定破堤取水、引黄灌溉,这是中国人民几千年来的首次大胆尝试,为黄河下游灌溉提供了一条行之有效的路径。

人民胜利渠修筑完工之后惠泽焦作、新乡、安阳等 3 市 12 县,灌溉区的粮食产量从先前的平均每公顷 1 335 千克,提升到之后的每公顷 1.64 万千克,增加了 11 倍。

1958 年 2 月起,张光斗担任密云水库总设计师。之所以要修建水库,是因为密云位于燕山丘陵地带,境内有大小 14 条河流。每逢大雨,潮白河必然水位上涨,甚至形成洪灾淹没周围村庄。如何消除水患、减少居民和农作物的损失,一直是一个亟待解决的问题。

针对这一华北地区库容最大的水库,张光斗在主持修建的过程中运用了薄黏土斜墙坝、地下混凝土防渗墙、坝下导流廊道三项技术,这些技术在国内均属首创。而这都是出于对密云枢纽地形地质条件和抗洪时间紧、任务重的考虑。

然而,在设计和实施过程中部分决策者出现了"左"的错误,为了加快建库速度,也为了节约成本,竟然下令抽掉了进水塔和泄洪廊道里的钢筋。这一举动将整个水库置于危险之中——一旦遇到洪水,泄洪廊道将会失去泄洪作用,甚至有可能溃坝。

在这紧要关头,张光斗顶住巨大压力,会同专家商量对策,经过两天的测算,估算出隧道安全泄洪的最高水库水位为 130 米高程。张光斗认为当务之急是竭尽全力补建进水塔,同时拆掉走马庄已建成的四号副坝,保证汛期时水库水位不超过 130 米高程。

在 20 万名民工的拼搏奋斗下,密云水库实现了一年拦洪、两年完工的目标,得到了毛泽东主席和周恩来总理的赞扬。

——《中国科学报》(2023 年 4 月 28 日第 4 版)

练习与思考

1. McgsPro 组态嵌入版组态软件中报警的作用是什么?
2. McgsPro 组态嵌入版组态软件中有哪几种数据对象可以设置报警?
3. McgsPro 组态嵌入版组态软件工具箱中有哪几种绘制曲线的工具?
4. McgsPro 组态嵌入版组态软件中的实时曲线构件与历史曲线构件的区别是什么?

参考文献

[1] 江珊珊,老盛林. 工业组态控制技术项目化教程[M]. 北京:机械工业出版社,2022.
[2] 史洁,田云. 工控组态技术应用项目化教程[M]. 武汉:华中科技大学出版社,2021.
[3] 桂传志,杨桂婷,张靖宇. 组态软件应用技术(MCGS)[M]. 哈尔滨:哈尔滨工业大学出版社,2021.
[4] 李江全. 组态控制技术实训教程(MCGS)[M]. 北京:机械工业出版社,2016.
[5] 梁玉文,梁亮,张晓娟. 工控组态技术项目化教程[M]. 2版. 北京:北京理工大学出版社,2019.
[6] 孙亚灿. MCGS嵌入版组态软件应用教程[M]. 北京:北京理工大学出版社,2019.
[7] 刘长国,黄俊强. MCGS嵌入版组态应用技术[M]. 北京:机械工业出版社,2017.
[8] 林盛昌. 组态技术与综合实践[M]. 西安:西安电子科技大学出版社,2016.